Dr. Thomas Schauer
Claus Caspari
Stefan Caspari

Alpen Blumen

Der illustrierte Taschenführer

blv

Hinweise zur Benutzung des Buches

Die Texte der Artbeschreibungen sind stets nach dem gleichen Schema gegliedert. Neben dem deutschen und wissenschaftlichen Artnamen und der Familienzugehörigkeit finden Sie eine Nummer als Querverweis zur Abbildung. Dann folgen kurze Angaben zum Vorkommen und zu den wichtigsten Standorten der Arten.
Unter Wissenswertes sind interessante Aspekte zu den Arten aufgeführt wie besondere Bestäubungs- und Verbreitungsmechanismen oder Angaben zu wichtigen Inhaltsstoffen, aufgrund deren die Art als Gift- oder Heilpflanze einzustufen ist.
Angaben zu medizinischer Verwendung sind nur als Hinweise und Anregungen gedacht, sich mit der Heil- und auch Giftwirkung von Pflanzen zu befassen.
Grundlegende botanische Begriffe werden auf der hinteren Umschlagklappe erklärt. Eine Erklärung der Fachausdrücke, deren Verwendung in vielen Fällen notwendig war, befindet sich auf den folgenden Seiten

Erklärung der Fachausdrücke

1

2

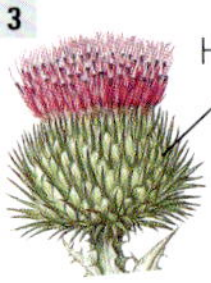

3

4

5

Das Blatt

Laubblatt gewöhnliches, meist grünes Blatt, das der Assimilation dient.
Hochblatt Blatt im Bereich der Blüten oder des Blütenstandes, meist von den übrigen Blättern stark abweichend (1).
Hüllblatt schuppiges oder blattartiges Hochblatt, eine Blüte oder Blütenstand umgebend (2, 3).
Tragblatt krautige oder schuppenförmige Blätter, aus deren Achseln die Blüten oder Seitensprosse entspringen (4).

Blattanheftung

gestielt mit deutlichem Blattstiel.
herablaufend Die Blattspreite zieht sich teilweise am Stängel herab (5).
sitzend ohne Blattstiel.
stängelumfassend oder halb stängelumfassend Das Blatt umgibt den Stängel mit seinem Grund ganz (6) oder zum Teil (7).

6

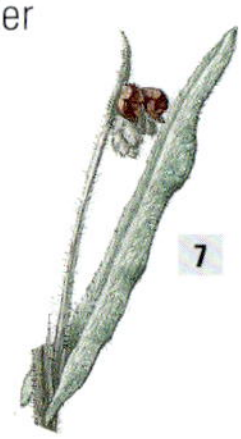
7

Blattnervatur

fiedernervig (8)
netznervig (9)
parallelnervig (10)

Blattteile

Blattspreite und **Blattstiel** (11)
Blatthäutchen kleiner Fortsatz am Übergang der Blattscheide in die Spreite (z. B. bei Gräsern) (12).
Blattöhrchen kleine, lappenförmige Anhängsel am Blattgrund (13).
Blattfieder Teil eines zusammengesetzten Blattes (14).
Blattranke zartes, oft spiralig gedrehtes Organ zum Festhalten, aus einem Blatt oder Blattabschnitt gebildet (14).
Blattscheide verbreiterter, unterer Teil des Blattes, den Stängel röhrig oder bauchig umschließend (12, 15).
Nebenblätter schuppen- oder blattartiges, meist paariges Anhängsel am Grund des Blattstieles (16).

Die Blüte

Blütenhülle die äußeren Teile der Blüte.
Ist die Blüttenhülle doppelt, so bezeichnet man den äußeren Kreis als Kelch (17), den inneren als Krone (18).
Blütenkelch aus meist grünen, freien Kelchblättern (17) oder Kelchblätter unten zu einer Kelchröhre (18) verwachsen, oben mit Kelchzipfeln (18).
Blütenkrone aus gefärbten, freien Kronblättern (18) oder zu einer Kronröhre verwachsene Kronblätter (17), oben mit Kronzipfeln (17).
Außenkelch kelchartiges Gebilde aus mehreren Hochblättern, dicht unter dem Kelch (18).

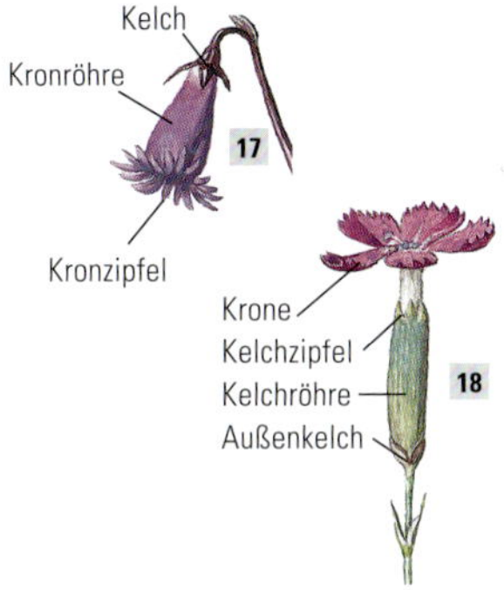

19

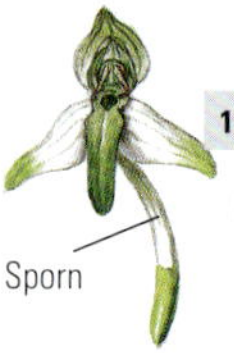

20

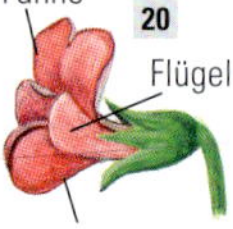

21

22

23

24

25

26

27

Sonderbildung der Blüte

Blütensporn (19)
Schmetterlingsblüte dabei nennt man das obere Kronblatt Fahne, die beiden unteren, verwachsenen Schiffchen und die beiden seitlichen Flügel (20).
Zungenblüte bei Korbblütengewächsen; Saum der Blütenkrone ist flach ausgebreitet (21).
Röhrenblüte bei Korbblütengewächsen; die Blütenkrone ist zu einer 5-zipfeligen Kronröhre verwachsen (22).
Pappus Haarkranz an den Blüten oder Früchten vieler Korbblütler (22).
Ährchen (23) Blütenstand bei Gräsern; jedes Ährchen besteht aus einer äußeren und einer inneren Hüllspelze sowie einer oder mehreren Blüten; jede Blüte besteht aus einer (oft begrannten) Deckspelze und einer Vorspelze (manchmal fehlend); Staubblätter 3, Narben 2, federig, Fruchtknoten 1.
Fruchtschlauch Bei Seggen ist der Fruchtknoten in einem geschlossenen Schlauch eingehüllt (24).
Blütenscheide oder **Spatha** (beim Aronstab) meist gefärbte, kronblattartige Hochblattscheide (25).

Geschlecht der Blüte

1-geschlechtig entweder mit Staubblättern (männliche Blüten) oder mit Fruchtknoten (weibliche Blüten).
Zwittrig oder **2-geschlechtig** mit Staubblättern und Fruchtknoten.
Nach der Verteilung der Geschlechter der Blüten ist die Pflanze:
1-häusig wenn auf derselben Pflanze männliche und weibliche Blüten sitzen.
2-häusig wenn männliche und weibliche Blüten auf verschiedenen Pflanzen sind.

Früchte

Beere fleischige, 1- bis mehrsamige Frucht (26)
Hülse trockene Frucht aus 1 Fruchtblatt bestehend, öffnet sich an der Bauch- und Rückennaht (27).

28

29

30

31

Kapsel trockene Frucht aus mehreren Fruchtblättern bestehend, öffnet sich durch Spalten oder Poren (28).
Nuss 1-samige Frucht mit harter Schale (29).
Schötchen Frucht der Kreuzblütengewächse, die nicht mehr als 3-mal so lang wie breit ist (30).
Schote Frucht der Kreuzblütengewächse, die mehr als 3-mal so lang wie breit ist (31).
Steinfrucht Frucht mit außen fleischiger, innen steinartiger Fruchtwand (32).

32

Gestalt des Stängels

geflügelt mit längs verlaufenden, stark verbreiterten Leisten (33).
gefurcht mit längs verlaufenden Rinnen.
kantig im Querschnitt eckig.
stielrund im Querschnitt kreisförmig.
2-schneidig oder **2-seitig** mit 2 längs verlaufenden Kanten.

33

Besondere Formen

Ausläufer ober- oder unterirdisch kriechende Seitentriebe, die an der Spitze neue Pflanzen bilden (34)
Knolle fleischig verdickter Teil der Sprossachse (35).
Zwiebel unterirdisches Organ aus dicht gestellten, fleischigen Schuppenblättern (36).
Brutzwiebeln knospenähnliche Jungpflanzen in Blattachseln oder Blütenständen der Mutterpflanze, die zu Boden fallen und dort anwachsen (37).

34

35

36

37

Kurze Charakterisierung der Lebensräume in den verschiedenen Höhenstufen

Die Alpen erstrecken sich von West nach Ost in einem weiten, fast 1200 km langen Bogen und erreichen eine Nord-Süd-Ausdehung von über 200 km. Auf einer Fläche von etwa 220 000 km^2 beherbergen die Alpen über 4000 Pflanzenarten, bedingt durch eine große Vielfalt der Lebensräume und der Standorte. Diese Vielfalt wird verursacht einmal durch die Höhenausdehung (Höhenstufen), ausgehend von fast Meeresniveau in den Südalpen bis zu Höhen von etwa 4800 m in den Westalpen. Demzufolge sind die klimatischen Verhältnisse, die die Dauer der Vegetationszeit festlegen, zwischen den Tieflagen und den Hochlagen extrem unterschiedlich.
Eine weitere Bereicherung der Standortvielfalt liefern die unterschiedlichen geologischen Gesteinsschichten. Man unterscheidet Kalk- und Dolomitgestein, das aus Kalkablagerungen von Algen und Korallen in den Urmeeren entstanden ist und meist hell gefärbte Felswände liefert. Im Gegensatz dazu gibt es die meist dunkel gefärbten, kristallinen oder Silikatgesteine, die aus den kieselsäurehaltigen Mineralien Feldspat, Glimmer und Quarz bestehen.
Durch Verwitterung von Kalk- und Dolomitgestein entstehen kalkreiche Böden. Verwitterndes Silikatgestein liefert saure Böden. Viele Pflanzenarten kommen nur auf kalkreichen oder nur auf sauren Böden vor. Klima und Boden bestimmen also in erster Linie die Wachstumsbedingungen der Pflanzen.
Aufgrund der großen Unterschiede in den klimatischen Verhältnissen ergeben sich für die Pflanzenwelt charakteristische Höhenstufen. Viele Pflanzenarten – vor allem die Arten der Extremstandorte – sind mehr oder weniger an eine bestimmte Höhenstufe angepasst. Sie wachsen dort unter diesen Bedingungen aber nicht, weil sie ihnen besonders zusagen, sondern nur deshalb, weil sie sich dort ohne Konkurrenten behaupten können.
Nicht zu vergessen sind auch in den Alpen die Auswirkungen des Menschen. Den Alpenraum als Inbegriff einer wilden Urlandschaft zu sehen hat seit langem keine Berechtigung mehr. Eingriffe und Veränderungen durch Bautätigkeiten sowie alm- und forstwirtschaftliche Nutzungen haben die ursprünglichen Lebensräume und somit die Pflanzenwelt stark verändert. Trotz dieser zivilisatorischen Eingriffe kommen noch viele naturnahe Lebensräume mit einer artenreichen Pflanzenwelt gleichsam als Rückzugsgebiete vor. Diese vor weiteren Eingriffen zu schützen, muss eine vordringliche Aufgabe unserer Zeit sein.
Die unterste Stufe bezeichnet man als die kolline Stufe (Hügelstufe). Sie reicht in den Nordalpen bis etwa 500 m, in den trockeneren Inneralpen wie im Wallis bis gegen 800 m und in den Südalpen bis etwa 1000 m. Kennzeichnend sind Laub- und Mischwälder und in den Trockengebieten Föhrenwälder. Großenteils werden die Flächen für Obst-, Wein-, und Ackerbau oder für Milchwirtschaft genutzt. Die Vegetationszeit (Wachstumszeit) dauert über 250 Tage.
Die nächsthöhere Stufe ist die montane Stufe (Bergwaldstufe). Sie reicht in den Nordalpen bis etwas über 1300 m, in den Zentralalpen bis fast 1500 m und in den Südalpen bis etwa 1700 m. Charakteristisch sind in den randlichen Ketten Bergmischwälder und in den Zentralalpen Fichten-, Lärchen- und Föhrenwälder.
Die landwirtschaftliche Nutzung als Almweiden oder Bergwiesen ist in der Bergwaldstufe stark ausgeprägt. Je nach Nutzungsintensität der Grünflächen, etwa durch hohe Düngergaben oder durch hohen Viehbesatz ist der Artenreichtum oft recht unterschiedlich. Soweit die Wälder nicht in Monokulturen umgewandelt sind, bieten sie meist eine artenreiche Krautschicht. Die Vegetationszeit beträgt über 200 Tage.

Über der montanen Stufe schließt sich die subalpine Stufe (Gebirgsstufe) an. Sie reicht in den Nordalpen bis etwa 1900 m, in den Zentralalpen bis 2400 m und in den Südalpen bis etwa 2000 m. Charakteristisch sind in den Nordalpen Fichtenwälder und in den Zentralalpen Lärchen-Zirben-Wälder. Die Lärche und die Zirbe halten die tiefsten Temperaturen und die stärksten Fröste aus. Vereinzelte Zirben kommen noch bei fast 2600 m Höhe vor. Im oberen Bereich der subalpinen Stufe löst sich der Wald in einzelne Baumgruppen auf. Die Bäume erreichen nur eine geringe Wuchshöhe und werden krüppelhaft. In diese Kampfzone des Waldes dringt die Latsche oder Legföhre ein.

Lärchenwälder, im Unterwuchs mit Latsche, bilden oft die Waldgrenze.

Ursprünglich bildete die Latsche nur einen schmalen Gürtel oberhalb der Waldgrenze und kam in tieferen Lagen nur in Lawinengassen oder auf Schutt- und Blockhalden vor. Heute sind viele ausgedehnte Latschen- oder Krummholzbestände durch Kahlhieb des subalpinen Waldes entstanden.
In den Zentralalpen wird die Waldgrenze durch Zwergstrauchbestände aus Alpenrosen und Zwergwacholder gebildet.
Auf feinerdereichen, mergeligen, stark wasserzügigen Böden der Nordalpen, die für Fichte oder Latsche zu nass sind, siedelt sich die Grün-Erle an und bildet das subalpine Grünerlengebüsch.
Es ist reich an Arten der Hochstaudenfluren. Diese bestehen aus großblättrigen Kräutern und Stauden wie Alpen-Milchlattich, Blauem Eisenhut, Schwalbenwurz-Enzian und Rundblättrigem Steinbrech. In den Zentralalpen konzentrieren sich die Grünerlenbestände auf Bachränder und Quellfluren. Großflächig besiedeln sie auch aufgelassene Almflächen. Ursprünglich waren die Flächen in der subalpinen Stufe von Wald bedeckt; ausgenommen waren waldfeindliche Standorte wie Moore, Stein- und Blockhalden oder Felswände. Die oft ausgedehnten

Artenreiche Hochstaudenflur.

Alpiner Kalkmagerrasen mit Aurikel.

blumenreichen und bunten Bergwiesen und Matten, die Magerrasen und Moorwiesen und erst recht die sogenannten Läger- und Hochstaudenfluren im Bereich der Alm- oder Alphütten sind erst durch die jahrhundertelange Tätigkeit des Menschen entstanden. Diese offenen Rasengesellschaften kamen ursprünglich erst in der alpinen Stufe vor.
Die alpine Stufe (Hochgebirgsstufe) umfasst die Matten- und Felsregion oberhalb der Baumgrenze und reicht in Höhen von 2500–3200 m. Die Wuchsbedingungen für die Pflanzen wechseln oft auf ganz kurzen Strecken. An windausgesetzten Graten dauert die Schneebedeckung oft nur wenige Wochen, während in windgeschützten Mulden der Schnee bis zu 10 Monate liegen bleibt. Der Schnee schützt vor tiefen Temperaturen, aber er verkürzt die Vegetationszeit. Auf diesen sogenannten Schneeböden oder Schneetälchen gedeiht eine eigene Pflanzenwelt. Auf Kalkschneeböden findet man Echtes und Kleinstes Alpenglöckchen, Netz- und Teppich-Weide sowie Mannsschild-Steinbrech. Silikatschneetälchen sind durch Kraut-Weide, Kleines Alpenglöckchen und zahlreiche Moose charakterisiert.
Im unteren Höhenbereich, wo die Bodenbildung stärker vorangeschritten ist, finden wir die mehr oder weniger geschlossenen Teppiche der Urwiesen, Grasheiden oder alpinen Rasen. Urwiesen deshalb, weil diese Wiesen oberhalb der Waldgrenze von Natur aus frei von Bäumen und hohen Sträuchern sind.
An sonnigen Steilhängen der Kalkalpen mit geringer Schneebedeckung entwickeln sich ausgedehnte Rasen mit einer reichhaltigen, bunten Blumenpracht. Da an diesen sonnigen Standorten mit durchlässigem Kalkboden oft Wassermangel herrscht, schützen sich die Arten vor Austrocknung durch eine dichte Behaarung – so das Zottige Habichtskraut – oder sie speichern das Wasser in den Kapillarräumen der absterbenden Blattscheiden am Grund der Pflanze.
Auf früh ausapernden, Wind und Kälte ausgesetztem, flachgründigem, steinigem Kalk- und Dolomitgestein findet sich ein lockerer Pionierrasen ein, der vor allem von der Polster-Segge gebildet wird. Als Begleitpflanzen treten hinzu Silberwurz, die ähnlich wie die Herzblättrige Kugelblume als Spalierstrauch den Fels oder Gesteinsschutt überzieht.
An Hängen mit tonig mergelig verwitterndem Kalk-und Schiefergestein, das feinerdereiche, tiefgründige, gut durchfeuchtete Böden liefert, entwickeln sich die farbenprächtigsten Urwiesen der Alpen. Neben einer Reihe von schwer zu bestimmenden Gräsern und Seggen findet man hier Alpen- und Narzissenblütige Anemone, Kugelblütiges Knabenkraut, Alpen-Süßklee und viele andere Blumen. In den Silikatketten der Alpen bildet die säureliebende Krumm-Segge ausge-

dehnte, meist geschlossene Rasen. Diese ziemlich artenarmen, bräunlich gefärbten Sillikatmagerrasen überziehen die Hänge bis in eine Höhe von etwa 3200 m. Saure Magerrasen kommen auch in den Kalkalpen vor. Sie entstehen vor allem in niederschlagsreichen Gebieten durch Bodenauswaschung und oberflächliche Versauerung. Hier können sich auch kalkmeidende Arten wie Arnika oder Bärtige Glockenblume, Ungarischer und Punktierter Enzian ansiedeln.
Die kurz umrissenen alpinen Rasengesellschaften wachsen auf Standorten, an denen bereits eine Bodenbildung, wenn auch noch in geringem Umfang durch physikalische und chemische Verwitterung eingesetzt hat. Aber auch die steilen Felswände sind bis zu den höchsten Gipfeln von einer reichen Pflanzenwelt besiedelt, sofern sie nicht ganzjährig unter Eis und Schnee liegen. Nackte, glatte Felsflächen bleiben den Algen und Flechten vorbehalten, die in feinste, kaum sichtbare Ritzen vordringen. Dagegen können in Felsspalten, in denen sich Feinerde angesammelt hat, die Blütenpflanzen Fuß fassen. Bei den extremen Temperatur- und Feuchtigkeitsschwankungen können nur speziell angepasste Arten siedeln.
Wie bei den alpinen Matten ist auch die Artengarnitur der Kalk- und Dolomitfelsspalten ganz anders als die der artenärmeren Silikatfelsen.
Am Fuß der Felswände entstehen infolge physikalischer Verwitterung durch Frostsprengung mächtige Schutthalden oder Kare. Diese liegen meist lange unter einer Schneedecke, sodass die Pflanzen vor winterlicher Kälte und Frosttrocknis geschützt sind. Allerdings macht den Pflanzen die große Beweglichkeit der Schutthalden zu schaffen.
Gerade die Kalk- und Dolomitwände liefern leicht beweglichen Schutt aus überwiegend gerundeten oder würfelförmigen Gesteinsbrocken, während im Silikatgestein plattiges, flaches Verwitterungsmaterial entsteht. Um diese Standorte dauerhaft zu besiedeln, entwickelten vor allem die kalkbewohnenden Schuttpflanzen verschiedene Strategien. So gibt es die Schuttwanderer, die bei Verschüttung ihre Triebe wieder bis zum Licht emportreiben. Andere Arten liegen mit schlaffen, streckungsfähigen oberirdischen Trieben dem Schutt lose auf – sogenannte Schuttüberkriecher. Wiederum andere Arten bilden Rosetten oder feste Horste aus, die den beweglichen Schutt als sogenannte Schuttstauer zum Stillstand bringen.

Roter Steinbrech, typische Art der Fels- und Schuttfluren.

Die großen Schuttfelder der Silikatketten liegen hauptsächlich im Vorfeld der Gletscher, die einen mächtigen Gesteins- oder Moränenwall vor sich herschieben. Auf diesen Pionierstandorten, die aus großen Felsblöcken und aus grusigem Feinmaterial bestehen, siedeln sich Arten wie Gletscher-Hahnenfuß, Gletscher-Mannsschild oder Moos-Steinbrech an. Diese Arten gehören auch zu den höchst steigenden Blütenpflanzen der Alpen, die noch bei über 4000 m vorkommen. Dagegen stellen Blockfelder, die meist durch Bergstürze entstanden sind, für Blütenpflanzen ungünstige Lebensräume dar. Die großen Felsblöcke werden erst im Laufe von einigen Jahrhunderten von Flechten besiedelt.

1 **Alpen-Gänsekresse**
Arabis alpina Familie Kreuzblütengewächse Brassicaceae
5–9 6–40 cm 500–3200 m
Pflanze mit grundständiger Rosette mit verkehrt-eiförmigen, kurz gestielten, grob gezähnten Blättern; Stängelblätter eiförmig, gezähnt, mit herzförmigem Grund stängelumfassend; Kronblätter weiß, bis 1 cm lang; Kelchblätter grün, hautrandig, bis 4 mm lang; Schoten 2–6 cm lang und 1–2 mm breit, auf waagrecht abstehenden Stielen.
Vorkommen: Feuchter, kalkreicher Feinschutt, Felsspalten, Quellfluren und Schneebodengesellschaften, herabgeschwemmt im Flusskies; häufig. Alpen, deutsche Mittelgebirge, spanische und französische Gebirge, Jura, Apennin, Karpaten, Illyrien, Balkanhalbinsel, Arktis.

2 **Zwerg-Gänsekresse**
Arabis pumila Familie Kreuzblütengewächse Brassicaceae
6–8 5–20 cm 1000–3000 m
Pflanze mit grundständiger Blattrosette; Blätter verkehrt-eiförmig, von Sternhaaren rau, in den kurzen Blattstiel verschmälert; Stängelblätter 2–3, am Rand bewimpert; Blüten weiß, in armblütiger Doldentraube; Kronblätter 5–8 mm lang; Schoten bis 4 cm lang und 2 mm breit.
Vorkommen: Felsschutt, Felsspalten, Pionierrasen, nur auf Kalk; zerstreut. Alpen, Apennin, Abruzzen.

3 **Alpen-Gämskresse**
Pritzelago alpina (Hutchinsia a.) Familie Kreuzblütengewächse Brassicaceae
5–8 5–12 cm 600–3400 m
Pflanze mit grundständiger Rosette mit fiederspaltigen Blättern und mehreren, blattlosen Stängeln; Blüten weiß, klein, lang gestielt, in gedrungener Traube, Kronblätter bis 5 mm lang, doppelt so lang wie der Kelch; Schötchen eiförmig, 4–5 mm lang.
Vorkommen: Feuchter Kalkschutt, Felsbänder, auch in Schneeböden, nur auf Kalk, auf Kies der Alpenflüsse oft weit ins Vorland; häufig. Alpen, Pyrenäen, Apennin, Illyrien, Karpaten.
Wissenswertes: Die Pflanze überwintert unter der Schneedecke mit grünen Trieben, um sofort nach der Schneeschmelze assimilieren zu können.

4 **Moos-Nabelmiere**
Moehringia muscosa Familie Nelkengewächse Caryophyllaceae
5–9 5–20 cm 600–3000 m
Pflanze mit zarten, niederliegenden, am Ende aufsteigenden Stängeln; dünne, feine Rasen bildend; Blätter linealisch, hellgrün, etwa 1 mm breit, Kronblätter 4, etwas länger als die 1-nervigen Kelchblätter; Griffel meist 2; Staubblätter 8.
Vorkommen: Feuchte, schattige Felsspalten, Felsschutt, fast immer auf Kalk, Schluchtwälder; häufig. Alpen, spanische und französische Gebirge, Jura, Böhmerwald, Karpaten, Balkanhalbinsel.

1

2

3

4

1 **Alpen-Schaumkraut**
Cardamine alpina Willd. Familie Kreuzblütengewächse Brassicaceae

❀ 7–8 ↕ 2–10 cm ⛰ 1600–3000 m

Grundb. rosettig, lg. gestielt; alle B. ganzrandig oder seicht geschweift, fleischig; Blüten 4zählig, weiß, zu 2–8; Kronb. schmal, 4–5 mm lg.; Kelchb. länglich, grün, gegen die Spitze violett, weißhautrandig; Schote aufrecht, 10–15 mm lg. und 2 mm br., braun, an der Spitze oft violett.

Vorkommen: Schneetälchen, feuchte, kalkarme Felsen; zerstreut. Alpen, Pyrenäen.

2 **Gletscher-Felsenblümchen**
Draba dubia Suter (D. frigida Saut.) Familie Kreuzblütengewächse Brassicaceae

❀ 5–7 ↕ 3–14 cm ⛰ 1800–3200 m

Triebe mit vielen toten B.resten; B. sternhaarig, schmal, verkehrt-eiförmig, 5–8 mm lg.; Blütentraube 3–8blütig; Kronb. weiß, 3–4 mm lg; Schötchen länglich-elliptsch, 6–14 mm lg., an beiden Enden zugespitzt, meist kahl.

Vorkommen: Felsspalten, Feinschutt, auf Kalk und Silikat; zerstreut (in den Nordalpen selten). Alpen, Sierra Nevada, Pyrenäen, Tatra.

3 **Felsen-Kugelschötchen**
Kernera saxatilis (L.) Rchb. Familie Kreuzblütengewächse Brassicaceae

❀ 7–8 ↕ 10–30 cm ⛰ 500–3000 m

Rosettenb. länglich, ganzrandig oder vorne gezähnt bis fiederspaltig, rauhaarig; St.b. linealisch; Blüten in lockeren, zusammengesetzten Blütenständen; Kronb. weiß, etwa 4 mm lg.; Kelchb. gelblichgrün, etwa 2 mm lg.; Schötchen fast kugelig oder birnenförmig, bis 3 mm lg.

Vorkommen: Felsspalten, Felsschutt, Flussgeröll, auf Kalk; verbreitet. Alpen und Alpenvorland, Gebirge Südeuropas.

4 **Alpen-Leinblatt**
Thesium alpinum L. Familie Leinblattgewächse Santalaceae

❀ 6–7 ↕ 10–30 cm ⛰ in den Alpen bis etwa 2400 m

Pfl.-bogig aufsteigend; Schuppenb. am St.grund entfernt stehend; B. schmal-lanzettlich, 1–4 mm br., 1nervig; Blütenstand meist 1seitswendig; jede Blüte mit 3 Tragb.; Blüten meist 4zählig; Blütenhülle zur Fruchtzeit nur an der Spitze eingerollt, kürzer als die Frucht.

Vorkommen: Steinige Magerrasen, Trockenrasen, Föhrenwälder, kalkliebend; verbreitet bis zerstreut. Gebirge Europas, nördlich bis Südschweden.

4

1

2

3

1 Weißer Germer

Veratrum album Familie Liliengewächse Liliaceae

6–8 ↕ 50–150 cm 600–2700 m

Blätter wechselständig (im Gegensatz zu den großen Enzian-Arten), breit-eiförmig, stark längsfaltig; Blütenrispe 30–60 cm lang; Blüten 8–15 mm breit, weiß oder gelblich, außen grünlich, die unteren zwittrig, die oberen meist männlich.

Vorkommen: Moorwiesen, Alpweiden, Hochstaudenfluren; häufig. Alpen und Vorland, europäische Mittelgebirge, Pyrenäen, Apennin.

Wissenswertes: Die Pflanze enthält stark giftige Alkaloide und kann zu heftigen Vergiftungen führen, wenn ihre Wurzeln mit dem Rhizom des Gelben Enzian verwechselt und gekaut oder zu Schnaps vergoren werden. 1–2 g der getrockneten Wurzeln sind bereits tödlich. Weidetiere sind gegen die Giftstoffe des Weißen Germer sehr anfällig.

2 Alpen-Hahnenfuß

Ranunculus alpestris Familie Hahnenfußgewächse Ranunculaceae

5–9 ↕ 5–15 cm 1500–2700 m

Grundblätter lang gestielt, 3–5-lappig, Zipfel grob gekerbt, glänzend, dunkelgrün; Stängel mit 1 oder selten 2, weißen, 20–25 mm breiten Blüten.

Vorkommen: Kalkreiche Böden, feuchter Feinschutt, Schneetälchen; häufig. Kalkgebiete der Alpen, Pyrenäen, Jura, Apennin, Karpaten.

Wissenswertes: Die Blätter entwickeln sich bereits unter der Schneedecke und entfalten sich sofort nach dem Ausapern. Die Pflanze enthält Alkaloide und ist giftig.

3 Gletscher-Hahnenfuß

Ranunculus glacialis Familie Hahnenfußgewächse Ranunculaceae

7–8 ↕ 5–15 cm 2000–4200 m

Grundblätter gestielt, fleischig, dunkelgrün, bis zum Grund 3-teilig; Blattabschnitte 3–5-spaltig; Stängelblätter sitzend, weniger geteilt; Kronblätter weiß oder rosa, außen meist tiefer gefärbt; Kelchblätter außen stark dunkelbraun behaart.

Vorkommen: Feuchter Silikatschutt, Moränen; verbreitet. Alpen (in Bayern nur im Allgäu), Sierra Nevada, Pyrenäen, Karpaten, Arktis. Geschützt A.

Wissenswertes: Der Gletscher-Hahnenfuß gehört zu den höchststeigenden Blütenpflanzen der Alpen. Die Pflanze enthält giftige Alkaloide.

4 Eisenhutblättriger Hahnenfuß

Ranunculus aconitifolius Familie Hahnenfußgewächse Ranunculaceae

5–8 ↕ 20–60 cm 500–2600 m

Grundblätter 3–7-teilig, lang gestielt; Abschnitte breit-eiförmig, ungleich gesägt, bis zum Grund geteilt; Blüten weiß, 1–2 cm breit; Blütenstiele behaart.

Vorkommen: Staudenreiche Bergwälder, Hochstaudenfluren, Quellsümpfe, nasse Wiesen, Auwälder; häufig. Alpen und Vorland, Gebirge Mittel- und Südeuropas.

Wissenswertes: Die Pflanze enthält giftige Alkaloide. Sehr ähnlich ist der **Platanen-Hahnenfuß** *(R. platanifolius)*, aber Blätter nicht bis zum Grund geteilt; Blütenstiele kahl; lichte Bergwälder, Grünerlengebüsch.

1

2

4

3

1 **Pyrenäen-Hahnenfuß**
Ranunculus pyrenaeus L. Familie Hahnenfußgewächse Ranunculaceae
❀ 5–7 ↕ 5–15 cm ⛰ 1700–2800 m
B. grasartig, lanzettlich, kahl bläulichgrün, parallelnervig; St. mit 2–5 mm br. B. und reinweißen Blüten mit kahlem Kelch. Giftig!
Vorkommen: Auf schwach basischen bis mäßig sauren, oft vernässten Weiden; zerstreut bis selten. Zentralalpen, Süd- und Westalpen, Gebirge Spaniens, Pyrenäen, Korsika. Geschützt A.

2 **Korianderblättrige Schmuckblume**
Callianthemum coriandrifolium Familie Hahnenfußgewächse Ranunculaceae
❀ 5–8 ↕ 5–20 cm ⛰ 1800–2800 m
St. 1–2blütig; Grundb. lg. gestielt, blaugrün, kahl, mit mehrfach fiederteiligen Abschnitten; Kelchb. 5, grünlich oder weiß; Blütenb. 5–13, breit-oval, weiß oder schwach -rosa.
Vorkommen: Bodensaure steinige Rasen, Silikatgestein; zerstreut. Zentralalpen, süd-mitteleuropäische Gebirgspflanze.

3 **Monte-Baldo-Windröschen**
Anemone baldensis Familie Hahnenfußgewächse Ranunculaceae
❀ 7–8 ↕ 5–15 cm ⛰ 2000–4200 m
St.1blütig, flaumig behaart; Grundb. lg. gestielt, 3zählig gefiedert, B.abschnitte keilförmig, gezähnt; Blüten weiß, bis 4 cm br., mit 8–10 unterseits behaarten, rötlichen Blütenb.
Vorkommen: Geröll und steinige Matten, Kalkfelsspalten; zerstreut. Hauptsächlich südliche Alpengebiete, Pyrenäen. Geschützt A.

4 **Narzissenblütiges Windröschen**
Anemone narcissiflora Familie Hahnenfußgewächse Ranunculaceae
❀ 5–7 ↕ 10–50 cm ⛰ 1500–2400 m, selten tiefer
Pflanze abstehend behaart; Blätter 3–5-teilig, deren Abschnitte in schmale, lange Zipfel zerteilt; Blüten 2–3 cm breit, zu 3–8 in einer Dolde, darunter 3 ungleich tief gespaltene, sitzende Hochblätter; Blütenblätter 5–6, weiß, außen oft rötlich, kahl.
Vorkommen: Kalkhaltige Bergwiesen, Hochstaudenfluren, Latschengebüsche; zerstreut. Alpen, Gebirge Mittel- und Südeuropas. Geschützt D, A.
Wissenswertes: Die Pflanze enthält Protoanemonin und ist schwach giftig.

3

2

1

4

1 **Alpen-Anemone**
Pulsatilla alpina Familie Hahnenfußgewächse Ranunculaceae
6–8 ↕ 15–40 cm 1500–2600 m
Stängelblätter quirlständig, doppelt 3-teilig, mit gesägten Zipfeln, behaart; Blüten einzeln, lang gestielt, 4–5 cm breit; Blütenblätter 6, eiförmig, innen weiß, außen oft violett überlaufen, zottig behaart; Griffel federig behaart.
Vorkommen: Bergwiesen, steinige Matten, kalkhaltige Böden; zerstreut. Alpen, Gebirge Mittel- und Südeuropas. Geschützt D, A.
Wissenswertes: Die Griffel verlängern sich zur Reife zu federigen, haarschopfartigen Fruchtständen und dienen als Flugorgan zur Verbreitung der Nüsschen. Die Pflanze ist schwach giftig.

2 **Frühlings-Anemone, Frühlings-Kuhschelle**
Pulsatilla vernalis Familie Hahnenfußgewächse Ranunculaceae
4–6 ↕ 5–15 (fruchtend bis 40) cm 1300–3600 m
Blätter überwinternd, 1-fach unpaarig gefiedert, mit ungleich 2- bis 3-spaltigen Fiedern; Stängel filzig behaart, mit stark zerschlitztem, dicht behaartem Hochblattquirl und 1 nickenden, später aufrechten, 3–6 cm breiten Blüte; Blütenblätter meist 6, innen weiß oder blasslila, außen violett, rosarot oder bläulich, seidenhaarig; Griffel zur Reife 3–4 cm lang, zottig.
Vorkommen: Silikatmagerrasen, lichte Kiefernwälder, Zwergstrauchheiden; zerstreut. Alpen (in Bayern nur an der Höfats und im Grenzgebiet des Wettersteins), spanische und französische Gebirge, Sudeten, Karpaten, Gebirge Mittel- und Südosteuropas, Skandinavien, Nordrussland. Geschützt D, A.

3 **Christrose, Schneerose, Schwarze Nieswurz**
Helleborus niger Familie Hahnenfußgewächse Ranunculaceae
1–4 ↕ 10–30 cm Ebene bis 1800 m
Pflanze mit schwarzem Wurzelstock; Blätter überwinternd, lederig, 7–9-teilig, 10–20 cm breit, Abschnitte keilförmig, oberwärts gesägt; Stängel meist 1-blütig, oben mit schuppenförmigen Hochblättern; Blüten weiß oder rosa, 6–8 cm breit, beim Abblühen grün oder purpurn.
Vorkommen: Laubmisch- und Kiefernwälder; zerstreut. Nordöstliche und südliche Kalkalpen, südosteuropäische Gebirge. Geschützt D, A.
Wissenswertes: Die Pflanze ist stark giftig; sie enthält Glykoside, früher als Brech- und Abführmittel verwendet. Das gepulverte Rhizom erzeugt heftiges Niesen.

4 **Zweiblütiges Sandkraut**
Arenaria biflora L. Familie Nelkengewächse Caryophyllaceae
7–9 ↕ 5–20 cm 1800–3100
St. niederliegend, kriechend, an den Knoten oft wurzelnd; B. br.-eiförmig bis rundlich, stumpf, am Grund in einen br., gewimperten Stiel verschmälert; Blüten einzeln oder zu 2, weiß; Kronb. eiförmig, wenig länger als die Kelchb.; Fruchtknoten kugelig, mit 3 Griffeln.
Vorkommen: Schneetälchen, Feinschutt, kalkmeidend; zerstreut. Alpen, Ostpyrenäen, Ostkarpaten, Gebirge der Balkanhalbinsel.
Wissenswertes: Ähnlich ist das **Wimper-Sandkraut**, *A. ciliata* L., aber B. br.-lanzettlich bis länglich-eiförmig, spitz, am Rand bis über die Mitte lg. gewimpert; Kronb. fast doppelt so lg. wie die Kelchb.; Steinige Matten, 1800–3100 m; zerstreut. Hochgebirge Europas.

1

2

3

4

1 **Kriechendes Gipskraut**
Gypsophila repens Familie Nelkengewächse Caryophyllaceae
5–8 ↕ 8–25 cm Ebene bis 2800 m
Pflanze kriechend oder aufsteigend, bläulich bereift; Blätter lanzettlich, etwas fleischig, 1–3 cm lang, bläulichgrün; Blütenstand rispig; Blüten 5-zählig, 6–10 mm breit, weiß oder rosa; Kelchblätter gekerbt oder ausgerandet; Griffel 2; Fruchtkapsel eiförmig.
Vorkommen: Felsschutt, Felsspalten, Pionierrasen, im Kies der Alpenflüsse weit herabsteigend, nur auf Kalk; häufig. Alpen und Vorland, Pyrenäen, Jura, Apennin, Karpaten.
Wissenswertes: Die Pflanze bildet tiefe, reich verzweigte Pfahlwurzeln aus und breitet ihre oberirdischen, wurzelnden, biegsamen Triebe auf der Schuttoberfläche aus und festigt somit die Schutthalden (sogenannter Schuttdecker).

2 **Breitblättriges Hornkraut**
Cerastium latifolium Familie Nelkengewächse Caryophyllaceae
7–8 ↕ 5–15 cm 1600–3500 m
Pflanze lockerrasig; Blätter breit-eiförmig, sitzend, zugespitzt, dicht mit kurzen Borst- und Drüsenhaaren besetzt; Blüten 25–35 mm breit; Kronblätter weiß, 2-spaltig; Staubblätter 10; Griffel 5.
Vorkommen: Beweglicher Grobschutt, seltener Felsspalten, nur auf Kalk und Dolomit; verbreitet. Alpen (westlich), in den Nordalpen östlich bis zum Inn, Nordapennin.
Wissenswertes: Die Pflanze ist mit einer bis zu 80 cm langen Pfahlwurzel im Geröll verankert. Die Besiedelungsstrategie ist ähnlich wie beim Gipskraut (sogenannter Schuttdecker).

3 **Alpen-Hornkraut**
Cerastium alpinum Familie Nelkengewächse Caryophyllaceae
7–9 ↕ 5–20 cm 2000–3000 m
Pflanze mit vielen niederliegenden, nichtblühenden und aufsteigenden blühenden, wollig behaarten, graugrünen Trieben; Blätter elliptisch, beiderseits behaart; Blüten 1,5–2 cm breit; Blütenstiele abstehend behaart; Kronblätter weiß, doppelt so lang wie die zottig behaarten, trockenhäutig berandeten Kelchblätter.
Vorkommen: Saure oder kalkarme Böden, lückige Rasen, Felsschutt, Felsspalten; verbreitet. Alpen, Pyrenäen, Karpaten, Arktis.

4 **Bewimperte Nabelmiere**
Moehringia ciliata Familie Nelkengewächse Caryophyllaceae
5–8 ↕ 3–8 cm 1500–3100 m
Pflanze mit langen, kriechenden Trieben und aufsteigenden 1–3-blütigen Blütenstängeln; Blätter schmal-linealisch, dicklich, am Grund meist bewimpert; Kronblätter weiß, abgerundet, etwas länger als die eiförmig-lanzettlichen, stumpfen, 1–3-nervigen Kelchblätter; Staubblätter 10; Griffel 3.
Vorkommen: Kalk- oder Dolomitschutt, Schneetälchen, lückige Pionierrasen; verbreitet. Alpen, Ostpyrenäen, nordwestliche Balkanhalbinsel.

1

2

4

3

1 Frühlings-Miere

Minuartia verna Familie Nelkengewächse Caryophyllaceae

5–9 ↕5–15 cm 1000–3200 m

Pflanze dichtrasig, mit vielen nichtblühenden, dicht beblätterten Sprossen; Blätter linealisch, undeutlich 3-nervig, kahl; Blütenstiele und Kelch drüsig behaart; Kelchblätter 3-nervig, wenig kürzer als die eiförmigen, weißen Kronblätter; Staubblätter 10, rot; Griffel 3.

Vorkommen: Felsschutt, lückige Rasen, kalkliebend; verbreitet. Alpen, Arktis, Kaukasus, in den Gebirgen südlich bis Sizilien, Kreta und Nordafrika. Geschützt A.

2 Vierzähniger Strahlensame

Silene pusilla Familie Nelkengewächse Caryophyllaceae

6–9 ↕5–20 cm 1000–2500 m, im Kies der Alpenflüsse auch tiefer

Pflanze lockerrasig; Stängel gabelig verzweigt, oben wie die Blütenstiele klebrig; Blätter linealisch, am Grund schwach bewimpert; Kronblätter weiß, selten rosarot, vorne 4-zähnig; Kelch kahl, mit eiförmigen, stumpfen Zähnen.

Vorkommen: Feuchter Kalkfelsschutt, Bachgeröll; verbreitet. Alpen, Pyrenäen, Jura, Korsika, Apennin, Balkanhalbinsel, Karpaten.

Wissenswertes: Sehr ähnlich ist das **Felsen-Leimkraut** *(S. rupestris)*, aber Kronblätter ausgerandet (nicht 4-zähnig); Blätter bläulichgrün, länglich-eiförmig, spitz; Stängel nicht klebrig. Kalkarme Magerrasen, Silikatfelsspalten; verbreitet. Alpen, Gebirge Mittel- und Südeuropas.

3 Silberwurz

Dryas octopetala Familie Rosengewächse Rosaceae

5–8 ↕2–10 cm 800–2500m, im Flusskies der Alpen auch tiefer

Pflanze spalierartig, reich verzweigt, verholzend; Blätter oval, stumpf gekerbt, gestielt, 1–3 cm lang, oberseits dunkelgrün, unterseits weißfilzig; Blüten einzeln, 2–3 cm breit, lang gestielt; Kronblätter 7–9, weiß; Kelchblätter braunfilzig.

Vorkommen: Kalkschutt, Kalkmagerrasen, lichte Föhrenwälder; häufig. Alpen, Pyrenäen, Karpaten, Apennin, Gebirge der Balkanhalbinsel, Kaukasus, Nordeuropa. Geschützt A.

Wissenswertes: Die Pflanze gehört zu den Erstbesiedlern des Kalkschuttes und besitzt Wurzelknöllchen mit Luftstickstoff bindenden Strahlenpilzen (Actinomyceten); sie blüht erst nach 4–5 Jahren und bildet dann ausgedehnte Teppiche, die ein Alter von 100 Jahren erreichen können.

4 Clusius' oder Ostalpen-Fingerkraut

Potentilla clusiana Familie Rosengewächse Rosaceae

6–8 ↕5–10 cm 1400–2400 m

Stängel aufsteigend aufrecht, angedrückt behaart, 1–3-blütig; Blätter 5-zählig gefingert, am Rand lang bewimpert, mit 3–5 vorwärtsgerichteten Zähnen; Blüten weiß, 2 cm breit; Kronblätter ausgerandet, viel länger als die lanzettlichen, außen rötlichen Kelchblätter; Staubfäden kahl.

Vorkommen: Kalk- und Dolomitfelsen, seltener Steinschutt; ziemlich selten. Ostalpen, Dinarisches Gebirge und Albanien. Geschützt A.

1

2

3

4

1 Stängel-Fingerkraut

Potentilla caulescens Familie Rosengewächse Rosaceae

7–9 ↕ 10–30 cm ⛰ 900–2400 m

Stängel hängend bis aufsteigend, zottig behaart, 3–7-blütig; Grundblätter lang gestielt, 5-zählig gefingert; Blättchen vorne gezähnt, unterseits anliegend behaart, Zähne zusammenneigend; Blüten 15–20 mm breit; Kronblätter 5, weiß, wenig ausgerandet, kaum länger als die anliegend behaarten Kelchblätter; Staubblätter behaart.

Vorkommen: Kalkfelsspalten, oft unter überhängenden Felsen, nur auf Kalk; verbreitet. Kalkalpen, spanische Gebirge, Pyrenäen, Cevennen, Jura, Balkanhalbinsel. Geschützt A.

2 Blaugrüner Steinbrech

Saxifraga caesia Familie Steinbrechgewächse Saxifragaceae

6–9 ↕ 4–10 cm ⛰ 1600–2600 m, im Flusskies der Alpen bis ins Vorland

In kompakten Kugelpolstern wachsende Pflanze; Blätter blaugrün, 3–6 mm lang, bogig zurückgekrümmt, oberseits mit 5–9 Kalkdrüsen, oft von einer hellgrauen Kalkkruste überzogen; Stängel mit 2–6 weißen Blüten.

Vorkommen: Felsspalten, Ruhschutt, Pionierrasen, nur auf Kalk und Dolomit, im Flusskies der Alpen weit herabsteigend; häufig. Alpen, Pyrenäen, Karpaten, Apennin, Illyrien. Geschützt D, A.

3 Trauben-Steinbrech

Saxifraga paniculata Familie Steinbrechgewächse Saxifragaceae

5–8 ↕ 10–40 cm ⛰ 1300–3400 m, gelegentlich auch tiefer

Pflanze mit mehreren grundständigen Blattrosetten; Blätter fleischig, zungenförmig, scharf gesägt, 3–5 cm lang, am Rand mit kalkabscheidenden Grübchen; Blüten weiß, oft rot punktiert, in reichblütigen Rispen; Kronblätter eiförmig, 3–6 mm lang.

Vorkommen: Kalkfelsspalten, steinige Rasen, überwiegend auf Kalk; verbreitet. Alpen, Gebirge Mittel- und Südeuropas, Skandinavien, Grönland. Geschützt D, A.

4 Moos-Steinbrech

Saxifraga bryoides Familie Steinbrechgewächse Saxifragaceae

7–8 ↕ 3–10 cm ⛰ 1500–4200 m

Pflanze mit dichten, flachen Kriechpolstern; Blätter lineal-lanzettlich, grannig zugespitzt und dornig bewimpert, in den Achseln mit kugeligen Laubblattknospen; Stängel bis 10 cm hoch, 1-blütig; Kronblätter 4–6 mm lang, weißlich, am Grund gelb; Kelchblätter eiförmig, stachelspitz.

Vorkommen: Feuchter Ruhschutt, lockere Rasen, Moränen, nur auf Silikat- oder kalkarmen Gestein; verbreitet. Alpen (fehlt in den nordöstlichen Kalkalpen), Ostpyrenäen, Auvergne, Sudeten, Karpaten, Balkanhalbinsel. Geschützt D, A.

Wissenswertes: Die Art gehört zu den höchststeigenden Blütenpflanzen der Alpen (am Matterhorn in 4200 m Höhe).

1

2

3

4

1 Bursers Steinbrech

Saxifraga burseriana L. Familie Steinbrechgewächse Saxifragaceae

❀ 3–6 ↕ 3–8 cm ⛰ 1600–2500 m

Pfl. dichte, feste, halbkugelige Polster bildend; B. 6–12 mm lg., pfriemlich, starr, 3kantig, graugrün; St. 1blütig, rot, drüsig; Kronb. rundlich, weiß, rötlich geadert.

Vorkommen: Kalk- und Dolomitfelsspalten, Felsbänder; zerstreut bis selten. Nordöstliche und südöstliche Kalkalpen. Geschützt D, A.

2 Rundblättriger Steinbrech

Saxifraga rotundifolia L Familie Steinbrechgewächse Saxifragaceae

❀ 6–9 ↕ 20–70 cm ⛰ 1800- 2200 m

B. lg. gestielt, hellgrün, rundlich, grob gekerbt; Blüten in lockeren Rispen, weiß, am Grund rot punktiert.

Vorkommen: Bergmischwälder, Hochstaudengebüsch, Bachufer; verbreitet. Gebirge Mittel- und Südeuropas.

3 Furchen-Steinbrech

Saxifraga exarata Vill. Familie Steinbrechgewächse Saxifragaceae

❀ 6–8 ↕ 3–12 cm ⛰ 1800–3600 m

Dunkelgrüne, drüsig-klebrige Polsterrasen; Grundb. 3–7spaltig, gefurcht; St.b. linealisch; Blüten zu 4–10, gelblichweiß; Kronb. doppelt so br. wie die Kelchb.

Vorkommen: Felsschut, Felsspalten, Pionierrasen auf Urgestein oder Kalkschiefer; verbreitet. Südwest- und Westalpen, ostwärts bis zum Brenner, Apennin, Balkanhalbinsel, Kaukasus. Geschützt A.

4 Rauer Steinbrech

Saxifraga aspera L. Familie Steinbrechgewächse Saxifragaceae

❀ 7–8 ↕ 5–20 cm ⛰ 1000–2500 m

Wuchs lockerrasig, mit vielen verlängerten Kriechsprossen; Grundb. gerade, viel länger als die Achselknospen, lineal-lanzettlich, starr, zugespitzt, entfernt stachelig bewimpert; Blütenst. mehrblütig, mit abstehenden, 5–20 mm lg. B.; Blüten gelblichweiß.

Vorkommen: Vor allem in der Nadelholzstufe an schattigen Felsen, Sturzblöcken und Ruhschutt; zerstreut. Zentralalpen, Apennin, Pyrenäen. Geschützt A.

1

4

2

3

1 Sternblütiger Steinbrech

Saxifraga stellaris Familie Steinbrechgewächse Saxifragaceae

6–8 ↕3–15 cm 1200–3000 m

Blattrosette sternförmig ausgebreitet; Blätter verkehrt-eiförmig, nach dem Grund keilförmig verschmälert, vorne grob gezähnt, fleischig, glänzend; Stängel blattlos; Kronblätter weiß, mit 2 gelben Punkten.

Vorkommen: Bachufer, Quellsümpfe, überrieselter Felsschutt, auf Kalk und Silikat; verbreitet. Alpen, spanische Gebirge, Pyrenäen, Zentralmassiv, Vogesen, Schwarzwald, Apennin, Karpaten, Balkanhalbinsel, Arktis. Geschützt D, A.

2 Mannsschild-Steinbrech

Saxifraga androsacea Familie Steinbrechgewächse Saxifragaceae

5–8 ↕2–10 cm 1400–3200 m

Blättchen lanzettlich-spatelig, ganzrandig oder an der Spitze 3–5-zähnig, am Rand drüsenhaarig; Stängel fast blattlos, 1–3-blütig, mit langen Drüsenhaaren; Kronblätter weiß, rundlich oder ausgerandet, 2-mal so lang wie die drüsenhaarigen Kelchblätter.

Vorkommen: Schneetälchen, feuchter Kalkschutt, kalkreiche bis schwach saure, durchfeuchtete Böden; verbreitet. Alpen, Pyrenäen, Karpaten, Altai, Ostsibirien. Geschützt D, A.

3 Krusten-Steinbrech

Saxifraga crustata Familie Steinbrechgewächse Saxifragaceae

6–8 ↕12–30 cm 600–2800 m

Pflanze mit vielen nichtblühenden Blattrosetten; Blätter linealisch, 1–5 cm lang und 2–3 mm breit, ganzrandig oder undeutlich gekerbt, oft stark von Kalk inkrustiert; Stängel drüsig behaart; Blütenstand traubig-rispig; Rispenäste 1–3-blütig; Blüten weiß.

Vorkommen: Kalkfelsen, kalkreiche, steinige Böden, Felsschutt; zersteut. Südöstliche Kalkalpen, Balkan. Geschützt A.

Wissenswertes: Ähnlich ist der **Hosts Steinbrech** *(S. hostii)*, aber Blätter 2–7 cm lang und 4–11 mm breit; Rispenäste 3–9-blütig. Kalkfelsspalten; Ost- und Südostalpen.

4 Nordisches Moosglöckchen

Linnaea borealis Familie Geißblattgewächse Caprifoliaceae

6–8 ↕5–15 cm 1200–2200 m

Stängel fadenförmig, weitkriechend, bis 2 m lang, drüsig behaart; Blätter wintergrün, breit-eiförmig oder rundlich, 7–12 mm lang, jederseits mit 1–2 kleinen Zähnen, unterseits blaugrün; Blüten weiß oder rosa, innen rot gestreift und behaart, zu 1–2 auf langen, drüsigen Stielen, nickend, glockig, 7–10 mm lang, mit 5 breiten Zipfeln, zart nach Vanille duftend.

Vorkommen: Kalkarme, moosreiche Fichten-, Kiefern, Zirben- und Lärchenwälder, über Moospolster kriechend; ziemlich selten, gebietsweise verbreitet. Zentralalpen, seltener Nord- und Südalpen, Sudeten,Tatra, Kaukasus, Nordeuropa, Arktis. Geschützt D, A.

Wissenswertes: Die Pflanze ist benannt nach dem schwedischen Arzt und Naturforscher Carl von Linné (1707–1778), dem Begründer der binären Nomenklatur.

1

2

3

4

1 Zwerg-Mannsschild

Androsace chamaejasme Familie Primelgewächse Primulaceae

❁ 6–8 ↕ 2–6 cm ⛰ 1500–3000 m

Pflanze lockerrasig; Blätter in lockeren, flach ausgebreiteten Rosetten, lanzettlich, am Rand gewimpert, auf der Fläche kahl, 5–15 mm lang und 3–4 mm breit; Stängel und Blütenstand langhaarig-zottig; Krone weiß oder rötlich, im Schlund gelb.

Vorkommen: Kalkreiche Magerrasen, Felsschutt, windexponierte Grate; verbreitet. Hauptsächlich Nordalpen, Pyrenäen, Karpaten, Arktis. Geschützt D, A, CH.

Wissenswertes: Die Art ist extrem wind- und kälteresistent. Sie überdauert auf schneefreien Graten Temperaturen von –38° C.

2 Zottiger Mannsschild

Androsace villosa Familie Primelgewächse Primulaceae

❁ 6–7 ↕ 3–6 cm ⛰ 1600–2300 m

Pflanze mit halbkkugeligen Blattrosetten; Blätter schmal-lanzettlich, 4–8 mm lang und 2–3 mm breit, beiderseits mit 1–2 mm langen Seidenhaaren; Blüten weiß oder rötlich, mit gelbem Schlund, sitzend oder kurz gestielt, in mehrblütiger Dolde.

Vorkommen: Kalkreiche Mager- und Pionierrasen, Felsschutt; zerstreut. West- und Südostalpen, Spanien, Pyrenäen, Jura, Apennin, Karpaten, Balkan. Geschützt A, CH.

3 Milchweißer Mannsschild

Androsace lactea Familie Primelgewächse Primulaceae

❁ 5–7 ↕ 5–15 cm ⛰ 1200 –2400 m

Lockerrasige Rosettenpflanze; Blätter linealisch, zugespitzt, 1–2 cm lang, spärlich bewimpert; Blüten in 2–6-blütiger Dolde; Blütenstiele mehrfach länger als die kleinen Hüllblätter; Krone 8 mm breit, rein weiß, mit gelbem Schlund; Kronzipfel ausgerandet.

Vorkommen: Kalkfelsbänder, steinige Matten; zerstreut. Hauptsächlich Nordostalpen, selten in West- und Südostalpen, Jura, Schwäbische Alb, Karpaten, Balkan. Geschützt D, A, CH.

4 Zwerg-Alpenglöckchen, Eisglöckchen

Soldanella minima Familie Primelgewächse Primulaceae

❁ 5–7 ↕ 4–9 cm ⛰ 1500–3000 m

Blätter grundständig, etwa 8 mm breit, kreisrund, lederig, glatt, Rand oft nach unten umgebogen, unterseits mit vielen Drüsengruben; Blütenschaft 1-blütig; Blüten hängend, weißlich oder blasslilafarben; Krone röhrig-glockig, zu 1/3 eingeschnitten.

Vorkommen: Kalkreiche Schneeböden, feuchter Dolomitschutt, Felsritzen. In den nördlichen Kalkalpen selten (Ammergebirge), in den südlichen Kalkalpen verbreitet. Geschützt D, A.

Wissenswertes: Das Eisglöckchen zählt zu den endemischen Arten der Alpen (nur in den Alpen heimisch) mit Verbreitungsschwerpunkt in den Südalpen. Das einzige bayerische Vorkommen im Ammergebirge erklärt man sich dadurch, dass das Ammergebirge während der Würmeiszeit nur teilweise vergletschert war, sodass die Art an günstigen, eisfreien Stellen überdauern konnte.

1

2

3

4

1 Weißzüngel

Pseudorchis albida Familie Orchideen Orchidaceae

❀ 6–8 ↕ 10–30 cm ⛰ 800–2500 m, selten tiefer

Stängel mit 4–5 eiförmigen bis lanzettlichen Blättern; Blütenähre dicht, schmal, 2–6 cm lang; Blüten weiß bis gelblichweiß, schwach duftend; Blütenhüllblätter klein, 3–4 mm lang, zusammenneigend, Lippe 3-lappig, Sporn walzlich, nach abwärts gerichtet, 1–2-mal so lang wie der Fruchtknoten.

Vorkommen: Saure, kalkfreie Magerrasen, Zwergstrauchheiden; ziemlich selten. Hauptsächlich Gebirge Europas. Geschützt D, A, CH.

2 Alpen-Fettkraut

Pinguicula alpina Familie Wasserschlauchgewächse Lentibulariaceae

❀ 5–8 ↕ 5–15 cm ⛰ Ebene bis 2700 m

Blätter in grundständiger Rosette, fleischig, 3–6 cm lang, sich vom Rand her einrollend, mit Kleb- und Verdauungsdrüsen; Blüten weiß, mit kurzem, kegelförmigem Sporn.

Vorkommen: Quell- und Flachmoore, feuchte, bemooste Kalkfelsen und Felsspalten; zerstreut bis selten. Hauptsächlich Alpen und Vorland, Pyrenäen, Skandinavien. Geschützt D.

Wissenswertes: Das Fettkraut gehört zu den insektenfressenden Pflanzen. Die lang gestielten Drüsen auf der Blattoberseite sondern einen klebrigen Schleim ab, in dem kleine Tiere eingehüllt und von verdauenden Drüsensekreten, möglicherweise auch mithilfe von Bakterien, chemisch aufgeschlossen werden.

3 Alpen-Spitzkiel

Oxytropis campestris Familie Schmetterlingsblütengewächse Fabaceae oder Papilionaceae

❀ 7–8 ↕ 5–15 cm ⛰ 1800–300 m

Blätter unpaarig gefiedert, beiderseits behaart, graugrün, mit 10–12 ei-lanzettlichen Fiederpaaren; Blüten zu 10–18 in kopfigen, lang gestielten Trauben; Kelch mit langen, weißen und kurzen Haaren; Krone weißlich bis gelblich; Schiffchen lang zugespitzt, oft beiderseits mit violettem Fleck.

Vorkommen: Steinige kalkreiche bis schwach saure Matten, windexponierte Berggrate; verbreitet. Alpen (in Bayern fehlend), Pyrenäen, Karpaten, Illyrien, Altai, Skandinavien.

4 Rasiger Klee, Thals Klee

Trifolium thalii Familie Schmetterlingsblütengewächse Fabaceae oder Papilionaceae

❀ 7–8 ↕ 5–15 cm ⛰ 1400–3000 m

Pflanze niederliegend; Blätter 3-zählig, Blättchen verkehrt-eiförmig, bis 2 cm lang, fein gezähnt; Blütenköpfe bis 2 cm breit; Kelch 10-nervig; Krone weiß, später rötlich bis bräunlich.

Vorkommen: Almweiden, alpine Rasen; verbreitet. Alpen, Pyrenäen, Jura, Apennin.

Wissenswertes: Ähnlich ist der **Norische Klee** *(T. noricum)*, aber Stängel und Blattunterseite zottig behaart; Blütenköpfe 2,5–4 cm breit; Krone weiß bis gelblich weiß. Alpine Rasen, Kalkfelsschutt. Südostalpen, Apennin, Balkanhalbinsel.

1

2

3

4

1 Kleine Sterndolde

Astrantia minor Familie Doldengewächse Umbelliferae oder Apiaceae

❀ 6–8 ↕ 15–40 cm ⛰ 1400–2700 m

Grundblätter lang gestielt, handförmig gefiedert, mit 5–9 schmal lanzettlichen, vorne tief gesägten Blättchen; Blüten weiß, in einfachen, etwa 1 cm breiten Dolden; Hüllblätter zugespitzt, weiß, außen oft rötlich.

Vorkommen: Kalkfreie, steinige Matten, Zwergstrauchheiden; verbreitet. Alpen (in Bayern und Österreich fehlend), Pyrenäen, Zentralmassiv.

Wissenswertes: Auf Kalk der Nord- und Südostalpen wächst die ähnlich aussehende **Bayerische Sterndolde** *(A. bavarica)* mit 5-teiligen Grundblättern und linealischen, oft schneeweißen Hüllblättern.

2 Bittere Schafgarbe, Steinraute

Achillea clavenae Familie Korbblütengewächse Compositae oder Asteraceae

❀ 7–9 ↕ 10–30 cm ⛰ 1500–2500 m

Pflanze seidig weißfilzig; untere Blätter lang gestielt, tief fiederspaltig, mit gezähnten bis fiederspaltigen Abschnitten; Stängelblätter sitzend, einfach fiederschnittig; Blütenköpfchen zu 5–30 in einer Trugdolde; Hüllblätter breit schwarzrandig; Zungenblüten 5–9, weiß, mit 3-zähniger Spitze; Scheibenblüten schmutzig weiß.

Vorkommen: Felsschutt, Felsspalten, steinige Rasen, stets auf Kalk; verbreitet. Kalkalpen (östlich), Gebirge Süd- und Mitteleuropas. Geschützt D, A.

Wissenswertes: Die aromatisch-würzig duftende Pflanze enthält ätherische Öle und Bitterstoffe und wurde als Heilkraut bei Magen-, Darm- und Leberleiden verwendet.

3 Schwarze Schafgarbe

Achillea atrata Familie Korbblütengewächse Compositae oder Asteraceae

❀ 7–9 ↕ 10–25 cm ⛰ 1600–4200 m

Stängel aufrecht oder aufsteigend, weichhaarig; Blätter einfach fiederschnittig, mit 2–3-spaltigen, spitzen Fiedern; Blütenstand eine 3–12-köpfige Doldentraube; Blütenköpfe 12–18 mm breit; Zungenblüten 7–12, weiß; Röhrenblüten gelblichweiß; Hüllblätter grün, schwarz berandet.

Vorkommen: Feuchter Felsschutt, lange schneebedeckte, kalkreiche Böden; verbreitet. Alpen.

4 Zwerg-Schafgarbe

Achillea nana Familie Korbblütengewächse Compositae oder Asteraceae

❀ 7–9 ↕ 5–15 cm ⛰ 1700–3800 m

Pflanze wollig-zottig behaart, intensiv riechend (Moschusgeruch); Blätter fiederteilig, Fiedern 3–5-spaltig; Blütenköpfe 10 mm breit; Blüten schmutzig weiß; Hüllblätter zottig, schwarzhäutig berandet.

Vorkommen: Felsschutt, Felsspalten, Moränen, kalkarme und kalkfreie Böden; zerstreut. Von den Seealpen bis ins Ortlergebiet, Apennin.

1

2

3

4

1 **Schwarzrandige Wucherblume**
Leucanthemum atratum Familie Korbblütengewächse Compositae oder Asteraceae

7–9 ↕ 10–30 cm 1500–2800 m

Pflanze 1-köpfig, kahl; Blätter etwas fleischig, dunkelgrün, mit 3–7 groben Sägezähnen; Blütenköpfe 3–5 cm breit; Zungenblüten weiß; Röhrenblüten gelb; Hüllblätter grün, mit breitem, schwarzem Hautrand.
Vorkommen: Kalkreicher Felsschutt, Schneetälchen; verbreitet. Nordost- und Südwestalpen.

2 **Alpen-Wucherblume**
Tanacetum alpinum Familie Korbblütengewächse Compositae oder Asteraceae

7–9 ↕ 5–15 cm 1800–2800 m

Pflanze rasenbildend, mit Blütenstängeln und nichtblühenden Blattbüscheln; grundständige Blätter kammförmig fiederspaltig; Stängelblätter linealisch, ganzrandig; Zungenblüten weiß, Röhrenblüten goldgelb; Hüllblätter der Blütenköpfe mit breitem, schwarzbraunem Rand.
Vorkommen: Kalkfreier Feinschutt, Schneetälchen, Moränen; verbreitet. Alpen, Pyrenäen, Karpaten, Apennin, Illyrien.

3 **Edelweiß**
Leontopodium alpinum Familie Korbblütengewächse Compositae oder Asteraceae

7–9 ↕ 5–20 cm 1500–3400 m

Pflanze dicht wollig-filzig; Blätter lanzettlich, gegen den Grund allmählich verschmälert, filzig; Blütenstand aus 5–10 halbkugeligen, 5–6 mm breiten, gelblichen, doldenartig gehäuften Blütenköpfen bestehend, sternförmig umgeben von 5–15 stark weißfilzigen Hochblättern, die die Scheinblüte bilden.
Vorkommen: Felsbänder, kalkreiche, sonnige Steinrasen; zerstreut bis selten. Alpen, Pyrenäen, Karpaten, Illyrien, nördliche Balkanhalbinsel. Geschützt D, A.
Wissenswertes: Die Blütensterne (Scheinblüten) können einen Durchmesser von 10–12 cm erreichen. Das intensive Weiß der Sterne entsteht durch Reflektion des Lichtes an den vielen, winzigen Luftbläschen, die in dem dichten Haarfilz der Hochblätter eingeschlossen sind.

4 **Silberdistel**
Carlina acaulis Familie Korbblütengewächse Compositae oder Asteraceae

7–9 ↕ 10–30 cm Ebene bis 2800 m

Pflanze mit dicker Pfahlwurzel; Stängel meist 1-köpfig; Blätter rosettig gehäuft, stark fiederspaltig, dornig; Blütenköpfe 5–12 cm breit, nur mit weißlichen oder rötlichen Röhrenblüten; innere Hüllblätter silberweiß, 3–4 cm lang.
Vorkommen: Sonnige, steinige Magerrasen, lichte Wälder; verbreitet. Gebirge Mittel- und Südeuropas. Geschützt D, A.

1

2

3

4

1 Gelber oder Bündner Alpenmohn

Papaver rhaeticum Familie Mohngewächse Papaveraceae

7–8 ↕5–15 cm 1500–3000 m

Blätter blaugrün, in grundständiger Rosette, 1–2-fach fiederteilig; Abschnitte eiförmig, stumpf, 2–6 mm breit, meist rauhaarig; Blüten 4-zählig, goldgelb, 4–5 cm breit; Fruchtkapsel mit 5–7 Narbenstrahlen.

Vorkommen: Kalkschutt, Felsbänder; zerstreut. Südwestalpen, Südostalpen, Ostpyrenäen, Illyrien. Geschützt A.

Wissenswertes: Eine weitere gelb blühende Art ist **Kerners Alpenmohn** *(P. kerneri).* Blätter 2–3-fach fiederteilig; Abschnitte 2 mm breit, spitz; Fruchtkapsel meist mit 5 Narbenstrahlen. Auf Kalkschutt der Karawanken, Julische und Steiner Alpen. Geschützt A.

2 Immergrünes Hungerblümchen

Draba aizoides Familie Kreuzblütengewächse Cruciferae oder Brassicaceae

4–8 ↕5–10 cm 1600–3400 m

Blätter hellgrün, schmal-lanzettlich, 1–2 cm lang, von steifen Borsthaaren kammförmig gewimpert, in kugeligen Rosetten; Stängel blattlos; Blüten in 3–18-blütiger Doldentraube; Kronblätter 4, gelb, 4–6 mm lang; Schötchen schmal-elliptisch, 6–10 mm lang, auf kahlen, langen Stielen.

Vorkommen: Kalkfels, Ruhschutt, Steinrasen; verbreitet. Alpen, Pyrenäen, Jura, Karpaten, Balkan. Geschützt D, A.

3 Alpen-Steinkraut

Alyssum alpestre Familie Kreuzblütengewächse Cruciferae oder Brassicaceae

7–8 ↕5–15 cm 2000–3000 m

Pflanze mit vielen nichtblühenden Rosetten; Blätter dicht sternhaarig, weißlich, lanzettlich bis spatelig; Kronblätter 4, gelb, 3–4 mm lang; Schötchen rundlich, 4–5 mm lang.

Vorkommen: Silikatfelsspalten, Steinschutt; selten. Westalpen.

Wissenswertes: Artenreiche Gattung. Ähnlich ist die **Karawanken-Steinkresse** *(A. ovirense),* aber Grundblätter fast kreisrund, plötzlich in den Stiel verschmälert; Kronblätter gelb, 6–7 mm lang; Schötchen 7–9 mm lang;. Felsspalten, Felsschutt, nur auf Kalk;. Ost- und Südostalpen bis Montenegro.

4 Rosenwurz

Rhodiola rosea (Sedum rosea) Familie Dickblattgewächse Crassulaceae

7–8 ↕20–40 cm 1400–3000 m

Stängel aufrecht, dickfleischig, mit wechselständigen, flachen, lanzettlichen, fleischigen, blaugrünen, vorne gezähnten Blättern; ♂ und ♀ Blüten auf verschiedenen Pflanzen; ♂ Blüten mit 8 Staubblättern und 4 gelben oder rötlichen Kronblättern; ♀ Blüten mit verkümmerten Kronblättern.

Vorkommen: Kalk- und Silikatfels, Schutthalden; zerstreut. Alpen, Pyrenäen, Vogesen, Sudeten, Karpaten, Balkanhalbinsel, Arktis. Geschützt A.

1

2

3

4

1 Gewöhnliche Simsenlilie

Tofieldia calyculata Familie Liliengewächse Liliaceae

5–7 ↕ 10–30 cm Ebene bis 2600 m

Blätter grundständig, grasartig, 2-zeilig angeordnet, 2–4 mm breit und 3–14 cm lang, 5–10-nervig; Blüten gelblich, 3–5 mm breit, in den Achseln eines Tragblattes, mit 3-lappiger, kelchartiger Außenhülle, in 2–8 cm langer, 15–30-blütiger Traube; Blütenblätter 6, lanzettlich.

Vorkommen: Kalkhaltige Flach- und Quellmoore, feuchte Felsspalten; zerstreut. Alpen und Vorland, Gebirge Mitteleuropas, Pyrenäen, Balkanhalbinsel, Südskandinavien.

2 Kleine Simsenlilie

Tofieldia pusilla Familie Liliengewächse Liliaceae

7–9 ↕ 5–12 cm 1800–2700 m

Blätter grasartig. 2–4 mm breit, 1–5 cm lang, 3-nervig; Blüten gelblichweiß, kurz gestielt, in den Achseln 3-lappiger Tragblätter, in armblütiger, gedrungener, 0,5–2 cm langer, 5–10-blütiger Traube; Blütenblätter 2–3 mm lang.

Vorkommen: Kalkfreie und kalkhaltige Quellmoore, feuchte Rasen, feuchter Felsschutt, Schneetälchen; ziemlich selten. Alpen, Tatra, Nordeuropa, Arktis.

3 Berg-Hahnenfuß

Ranunculus montanus Familie Hahnenfußgewächse Ranunculaceae

4–8 ↕ 5–30 cm 800–3000 m

Pflanze vielgestaltig; Stängel aufrecht, 1–3-blütig; Grundblätter gestielt, glänzend, 3–5-teilig, mit verkehrt eiförmigen, dunkelgrünen Abschnitten; obere Stängelblätter sitzend, mit linealischen Abschnitten; Blüten goldgelb, 12–25 mm breit; Früchtchen seitlich flachgedrückt, mit kurzem, gekrümmtem Schnabel.

Vorkommen: Bergwiesen und -weiden, lichte Wälder, Felsschutt, kalkhaltige Böden; häufig. Alpen und Vorland, Schwarzwald, Jura, Karpaten.

Wissenswertes: Alle Hahnenfußarten enthalten Protoanemonin und sind giftig.

4 Schildblatt- oder Gift-Hahnenfuß

Ranunculus thora, Familie Hahnenfußgewächse Ranunculaceae

5–8 ↕ 10–30 cm 1400–2500 m, selten tiefer

Blätter kahl, blaugrün; unteres Stängelblatt rundlich-nierenförmig, vorne kerbig gesägt, 6–8 cm breit; obere Stängelblätter schmal-lanzettlich, 3-lappig; Blüten gelb, 1–2 cm breit; Früchtchen fast kugelig, aufgeblasen, mit kurzem, gebogenem Schnabel.

Vorkommen: Steinige Matten, kalkreicher Felsschutt, Felsbänder, lichte Latschenbestände; zerstreut. Hauptsächlich Südalpen, Pyrenäen, Jura, Karpaten, Illyrien, Balkanhalbinsel. Geschützt A.

Wissenswertes: Die Art enthält Protoanemonin in größeren Mengen und ist sehr giftig.

1
2
3
4

1 Hahnenkamm- oder Bastard-Hahnenfuß

Ranunculus hybridus Familie Hahnenfußgewächse Ranunculaceae

6–8 ↕ 10–15 cm ⛰ 1600–2400 m

Blätter, derb, blaugrün; grundständige Blätter und unterstes Stängelblatt lang gestielt, nierenförmig, vorne 3–5-lappig eingeschnitten; obere Stängelblätter linealisch; Blüten 1–3, gelb, 1–2 cm breit; Früchtchen 3–4 mm lang, fast kugelig, mit kurzem, gebogenem Schnabel.

Vorkommen: Felsschutt, Felsspalten, steinige Rasen, kalkreiche Böden; zerstreut. Nördliche und südliche Kalkalpen.

Wissenswertes: Die Art enthält Protoanemonin und ist giftig.

2 Trollblume

Trollius europaeus Familie Hahnenfußgewächse Ranunculaceae

5–7 ↕ 30–60 cm ⛰ Ebene bis 2700 m

Stängel meist unverzweigt, mit endständiger Blüte; Blätter handförmig geteilt, deren Abschnitte 3-teilig, mit ungleichen, gesägten Zipfeln; Blüten zu 1–3, kugelförmig, 3–5 cm breit; Blütenhüllblätter 10–15, gelb.

Vorkommen: Sumpfwiesen, Flachmoore, Bachränder, feuchte Bergwiesen, Hochstaudenfluren; verbreitet. Fast ganz Europa, im Süden nur in den Gebirgen, Kaukasus. Geschützt D, A.

Wissenswertes: Die Pflanze enthält Protoanemonin und ist giftig.

3 Alpen-Sonnenröschen

Helianthemum alpestre Familie Zistrosengewächse Cistaceae

6–8 ↕ 3–15 cm ⛰ 1000–3000 m

Pflanze niederliegend bis aufsteigend; Blätter gegenständig, lanzettlich bis verkehrt-eiförmig, 1–2 cm lang, Nebenblätter fehlen; Blüten leuchtend gelb, 1–2 cm breit.

Vorkommen: Kalkreiche Geröllhalden, Felsbänder, steinige Matten; verbreitet. Alpen, Pyrenäen, Apennin, Karpaten, nördliche Balkanhalbinsel.

Wissenswertes: Ähnlich ist das **Gewöhnliche Sonnenröschen** *(H. nummularium)*, aber Blätter mit lanzettlichen Nebenblättern und 2–3 cm breiten Blüten; in Kalkmagerrasen und Kiefernwäldern; Mittel- und Südeuropa.

4 Aurikel

Primula auricula Familie Primelgewächse Primulaceae

4–7 ↕ 5–30 cm ⛰ 1000–2500 m, selten tiefer

Blätter verkehrt eiförmig, dick, fleischig, graugrün, mehlig bestäubt, ganzrandig oder geschweift gezähnt 5–12 cm lang, mit Knorpelrand; Blüten gelb, zu 4–12 in einseitswendiger Dolde.

Vorkommen: Kalkfelsspalten, steinige Rasen, selten Flachmoore; verbreitet. Alpen, Jura, Schwarzwald, Apennin, Illyrien, Karpaten. Geschützt D, A.

Wissenswertes: Die dicken, Wasser speichernden Blätter haben eine Wachsschicht, die die Verdunstung einschränkt.

1

2

3

4

1 Gold-Primel

Androsace vitaliana Familie Primelgewächse Primulaceae

5–8 ↕ 5–15 cm 1700–3100 m

Pflanze rasenbildend, mit niederliegenden Stängeln; Blätter rosettenartig gehäuft, linealisch, unterseits und am Rand sternhaarig; Blüten leuchtend gelb, breit, einzeln, kurz gestielt, in den Achseln der obersten Rosettenblätter; Krone bis 22 m breit, mit langer Röhre und eiförmigen Kronlappen.
Vorkommen: Kalkarme oder saure Böden, Felsspalten, Felsschutt, steinige Matten; zerstreut. Westalpen, Südtirol bis Oberösterreich, Pyrenäen, Abruzzen. Geschützt A.

2 Kriechende Nelkenwurz, Gletscher-Petersbart

Geum reptans Familie Rosengewächse Rosaceae

7–9 ↕ 5–15 cm 1500–3400 m

Pflanze mit bis 1 m langen, oft roten, oberirdischen, beblätterten Ausläufern; Blätter gefiedert, Abschnitte gesägt; Blüten 3–5 cm breit, mit 6–8 verkehrt eiförmigen Kronblättern; Kelch rotbraun, behaart; Griffel zur Reife zu einem federig behaarten Flugorgan auswachsend.
Vorkommen: Feuchter Silikatschutt, Gletschermoränen; verbreitet. Hauptsächlich Zentralalpen, Gebirge Mittel- und Südosteuropas, in Bayern nur im Allgäu. Geschützt A.

3 Berg-Nelkenwurz

Geum montanum Familie Rosengewächse Rosaceae

5–8 ↕ 10–35 cm 1600–3500 m

Rosettenpflanze, ohne Ausläufer; Grundblätter leierförmig, unterbrochen gefiedert, Endfieder viel größer als die Seitenfiedern; Stängel 1-blütig; Kelchblätter eiförmig, unterseits dicht behaart, doppelt so lang wie der Außenkelch; Krone gelb, 2–4 cm breit; Griffel zottig behaart; Fruchtstand perückenartig.
Vorkommen: Saure Magerrasen, Zwergstrauchheiden; verbreitet. Alpen, Pyrenäen, Zentralmassiv, Jura, Sudeten, Karpaten, Korsika, Apennin, Balkanhalbinsel.
Wissenswertes: Der Wurzelstock enthält wie der der **Echten Nelkenwurz** *(G. urbanum)* Eugenol (Nelkenöl) und wurde früher als Gewürznelkenersatz verwendet.

4 Gold-Fingerkraut

Potentilla aurea Familie Rosengewächse Rosaceae

6–9 ↕ 5–30 cm 1200–3000 m

Pflanze anliegend behaart; Stängel bogig aufsteigend; Grundblätter 5-zählig, glänzend, Blättchen vorne scharf gezähnt, oberseits kahl, unterseits seidenhaarig, am Rand anliegend silberglänzend behaart; Blüten goldgelb, 15–25 mm breit.
Vorkommen: Kalkarme oder saure Bergwiesen, steinige Matten, häufig. Alpen, Schwarzwald, Pyrenäen, Jura, Sudeten, Karpaten, Apennin, Balkanhalbinsel.
Wissenswertes: Ähnlich ist das **Zottige Fingerkraut** *(P. crantzii)*, aber Pflanze abstehend behaart; in kalkreichen Rasen, Kalkschutt und Kalkfelsspalten. Alpen, Pyrenäen, Jura, Vogesen, Apennin, Karpaten, Illyrien, Kaukasus, Arktis.

2

1

3

4

1 Zwerg-Fingerkraut

Potentilla brauneana Familie Rosengewächse Rosaceae

7–8 ↕ 2 –5 cm 1200–2800 m

Stängel niederliegend, dünn, meist 1-blütig; Blätter 3-zählig, oberseits kahl; Blättchen 5–10 mm lang; Kronblätter gelb, seicht ausgerandet.

Vorkommen: Schneetälchen, lange schneebedeckte Rasen, feuchter, kalkreicher Feinschutt; zerstreut bis selten. Alpen, Pyrenäen, Balkanhalbinsel.

Wissenswertes: Ähnlich sind: **Gletscher-Fingerkraut** *(P. frigida)*, aber ganze Pflanze 3–10 cm hoch, graugrün, seidig glänzend, behaart; Blätter 3-zählig; Blüten hellgelb; saure Magerrasen, kalkfreier Felsschutt; Alpen, Pyrenäen. Das **Schnee-Fingerkraut** *(P. nivea)* hat unterseits weißfilzige Blätter; Pflanze bis 20 cm hoch; kalkhaltige Magerrasen, Gesteinsfluren; selten; Westalpen, Hohe Tauern, Kaukasus.

2 Fetthennen-Steinbrech

Saxifraga aizoides Familie Steinbrechgewächse Saxifragaceae

6–9 ↕ 3–15 cm 600–3100 m

Lockerrasige Pflanze mit zahlreichen nichtblühenden Trieben; Blätter fleischig, linealisch, stachelspitz, am Rand kurz bewimpert; Stängel drüsig behaart, mit 6–12 Blüten; Kronblätter 3–6 mm lang, zitronengelb bis dunkelorange, oft mit orangeroten Punkten.

Vorkommen: Quellfluren, überrieselter, kalkreicher Fels und Schutt; häufig. Alpen, Pyrenäen, Karpaten, Apennin, Illyrien, Balkanhalbinsel, Arktis. Geschützt D.

3 Kies-Steinbrech

Saxifraga mutata Familie Steinbrechgewächse Saxifragaceae

6–8 ↕ 15–60 cm 600–2200 m

Pflanze mit großer, bis 12 cm breiter Blattrosette; Blätter zungenförmig, 2–6 cm lang, fleischig, lederig, mit Knorpelrand; Stängel drüsig behaart, rispig verzweigt, mit zahlreichen zitronengelben bis orangefarbenen Blüten; Kronblätter linealisch, spitz, 5–8 mm lang; Kelchblätter halb so lang, eiförmig, drüsig.

Vorkommen: Bachufer, feuchter Kies, überrieselter, kalkhaltiger Fels; zerstreut bis selten. Alpen und Vorland. Geschützt D, A.

4 Moschus-Steinbrech

Saxifraga moschata Familie Steinbrechgewächse Saxifragaceae

7–8 ↕ 2–10 cm 1400–4000 m

Dichtrasige Polsterpflanze; Rosettenblätter linealisch, ungeteilt oder 3–5-spaltig; Stängel mit 2–5 gelblichen oder cremefarbenen Blüten; Kronblätter schmal eiförmig, 3–4 mm lang, etwa so breit wie die Kelchblätter.

Vorkommen: Felsspalten, Schutt, kalkreiche bis schwach saure Böden; verbreitet. Alpen, Pyrenäen, Auvergne, Sudeten, Karpaten, Apennin, Illyrien, Balkanhalbinsel, Kaukasus. Geschützt D, A.

Wissenswertes: Ähnlich ist der **Blattlose Steinbrech** *(S. aphylla)*, aber Kronblätter linealisch, spitz, höchstens halb so breit wie die Kelchblätter; auf Kalkfels und Felsschutt mit langer Schneebedeckung; verbreitet. Alpen. Geschützt D, A.

1

2

3

4

1 **Alpen-Mauerpfeffer**
Sedum alpestre Familie Dickblattgewächse Crassulaceae

6–8 2–8 cm 1500–3000 m

Pflanze lockerrasig, mit vielen dicht beblätterten Trieben; Blätter fleischig, eiförmig bis linealisch, 3–6 mm lang, 2 mm dick, manchmal rotbräunlich überlaufen; Blüten zu 2–5, hellgelb, manchmal rot gefleckt, 5–8 mm breit; Kronblätter eiförmig, stumpf.

Vorkommen: Kalkarme Böden, Schneetälchen, Silikatschutt; verbreitet. Alpen, Pyrenäen, Vogesen, Apennin, Karpaten, Korsika, Sardinien. Geschützt A.

2 **Gelber Enzian**
Gentiana lutea Familie Enziangewäche Gentianaceae

7–8 40–140 cm 1000–2500 m

Stängel mit gegenständigen, elliptischen, bläulichgrünen, bis 15 cm breiten und bis 30 cm langen, von starken Bogennerven durchzogenen Blättern; Blüten zu 3–10, kurz gestielt, in den Achseln schalenförmiger Hochblätter; Krone radförmig, bis zum Grund 5–6-teilig, goldgelb.

Vorkommen: Magerrasen, Matten, Geröll- und Hochstaudenfluren; zerstreut. Alpen und Vorland, Pyrenäen, Vogesen, Schwarzwald, Schwäbische Alb, Apennin, Korsika, Sardinien, Illyrien, Karpaten, Balkanhalbinsel. Geschützt D, A.

Wissenswertes: Aus den armdicken Wurzeln wird der Enzianschnaps gebrannt, weshalb der Gelbe Enzian und verwandte Arten durch Ausgraben stellenweise fast ausgerottet wurden.

3 **Punktierter Enzian**
Gentiana punctata Familie Enziangewäche Gentianaceae

7–8 20–60 cm 1400–3000 m

Stängel aufrecht, kantig, im oberen Teil oft metallisch glänzend; Blätter eiförmiglänglich, zugespitzt; Blüten blassgelb, schwarzbraun oder dunkelviolett punktiert, zu mehreren in den Achseln der Hochblätter; Krone glockenförmig, 25–35 mm lang, mit 5–8 stumpfen, aufrechten Zipfeln.

Vorkommen: Magerrasen, Geröllfluren, im Alpenrosengebüsch, kalkmeidend; verbreitet. Alpen (in den Nordalpen östlich des Tennengebirges fehlend), Karpaten, Balkanhalbinsel. Geschützt D, A.

4 **Strauß-Glockenblume**
Campanula thyrsoides Familie Glockenblumengewächse Campanulaceae

7–9 10–50 cm 1500–2600 m, gelegentlich tiefer

Pflanze aufrecht, dicht beblättert, rauhaarig; Blätter lanzettlich, gegen den Grund verschmälert, ganzrandig oder schwach wellig; Blüten in kolbenförmiger Ähre; Krone trichter- bis glockenförmig, 15–25 mm lang, gelblichweiß, behaart.

Vorkommen: Bergwiesen, Felsbänder, kalkhaltige Böden; zerstreut. Alpen, Jura, Illyrien, Balkanhalbinsel. Geschützt D, A.

1

2

3

4

1 Zwerg-Knabenkraut

Chamorchis alpina Familie Knabenkrautgewächse oder Orchideen Orchidaceae

7–8 ↕ 6–12 cm ⛰ 1600–2700 m

Blätter grundständig, grasartig, rinnig, fleischig, ganzrandig; Stängel blaßgrün; Blüten unscheinbar, grünlichgelb, oft rotbraun überlaufen, ohne Sporn, in lockerer 5–10-blütiger Ähre; Lippe herabhängend, schwach 3-lappig, mit großem Mittellappen; Tragblätter linealisch, spitz, länger als die Blüten.

Vorkommen: Kalkhaltige, steinige, windexponierte Rasen; zerstreut. Alpen, Karpaten, Hohe Tatra, Skandinavien. Geschützt D, A, CH.

Wissenswertes: Ähnlich ist die **Grüne Hohlzunge** *(Coeloglossum viride)*, aber Blätter eiförmig bis lanzettlich; Blüten zahlreich (bis 25), gelbgrün, bräunlich überlaufen, mit kurzem, dickem Sporn; Lippe vorne 3-zähnig; kalkfreie Böden, Wiesen, lichte Wälder; in den Alpen bis 2600 m. Geschützt D, A, CH.

2 Gelbes Veilchen

Viola biflora Familie Veilchengewächse Violaceae

5–8 ↕ 8–12 cm ⛰ Ebene bis 3000 m

Stängel mit 2 hellgrünen, breit-nierenförmigen Blättern mit gekerbtem Rand und mit 1–2 gelben Blüten mit 2–3 mm langem Sporn.

Vorkommen: Feuchtes Geröll, Grünerlengebüsch, schattige, lange schneebedeckte, lehmige Stellen, häufig. Alpen, Pyrenäen, Jura, Sudeten, Karpaten, Balkanhalbinsel, Kaukasus.

3 Alpen-Wundklee

Anthyllis vulneraria ssp. *alpestris* Familie Schmetterlingsblütengewächse Fabaceae oder Papilionaceae

5–8 ↕ 5–20 cm ⛰ 800–3000 m

Grundblätter meist ungeteilt, elliptisch, kahl, fleischig; Stängelblätter gefiedert; Krone weißlich- bis goldgelb; Kelch groß, bauchig, zottig weißgrau behaart (formenreiche Art).

Vorkommen: Wiesen, Felsbänder, kalkreiche Schutthalden; häufig. Alpen, Kantabrisches Gebirge, Jura, Karpaten, Balkan.

4 Gratlinse, Gletscherlinse

Astragalus frigidus Familie Schmetterlingsblütengewächse Fabaceae oder Papilionaceae

7–8 ↕ 20–40 cm ⛰ 1500–2700 m

Stängel aufrecht, kahl, am Grund mit braunen, häutigen Niederblättern; Blätter mit 7–11 kahlen, blassgrünen, unterseits bläulichen, eiförmigen Fiedern und großen, bleichen Nebenblättern; Blütentraube lang gestielt, aus 5–20 gelblichweißen Blüten; Fruchthülse schwach aufgeblasen, bis 35 mm lang, rauhaarig.

Vorkommen: Magerrasen, Grate, Felsbänder, mäßig kalkhaltige bis schwach saure Böden; zerstreut. Alpen, Karpaten, Tatra, Altai, Arktis.

Wissenswertes: Ähnlich ist der **Blasen-** oder **Nickender Tragant** *(A. penduliflorus)*, aber Pflanze ästig, behaart; Blätter mit 15–23 lanzettlichen Fiedern und lebhaft gelben Blüten; Hülse stark aufgeblasen; Rasen, Felsschutt; in den Alpen bis 2500 m. Alpen, Pyrenänen, Karpaten, Mittelschweden.

1

3

2

4

1 Braun-Klee

Trifolium badium Familie Schmetterlingsblütengewächse Fabaceae oder Papilionaceae

7–8 ↕ 10–25 cm ⛰ 1200–3000 m

Stängel niederliegend oder aufsteigend, locker beblättert; Blätter 3-zählig, lang gestielt, kahl; Fiedern elliptisch, gezähnelt; Blütenköpfe dicht, reichblütig, anfangs halbkugelig, später kegelförmig, bis 2 cm lang; Einzelblüten, 6–9 mm lang, kurz gestielt, goldgelb, verblüht kastanienbraun; Kelch 5-nervig.

Vorkommen: Feuchter Felsschutt, Bergwiesen, Rasen, meist auf Kalk; häufig. Alpen, Jura, Pyrenäen, Karpaten, Apennin.

2 Großblütiger Fingerhut

Digitalis grandiflora Familie Braunwurzgewächse Scrophulariaceae

6–9 ↕ 60–120 cm ⛰ Ebene bis 2000 m

Stängel wechselständig beblättert; Blätter länglich-lanzettlich, bis 20 cm lang, unterseits steifhaarig; Blüten in einseitswendiger Traube; Krone glockig-bauchig, 4–5 cm lang, gelb, innen braun gezeichnet, kahl.

Vorkommen: Laubwälder, Kahlschläge, Waldränder, Geröllhalden, meist auf Kalk; verbreitet. Alpen.

Wissenswertes: Die Pflanze enthält herzwirksame Glykoside und ist stark giftig; 2–3 Blätter können tödlich sein. Geschützt D, A. Ähnlich ist der **Gelbe Fingerhut** *(D. lutea)*, aber Krone röhrig, bis 25 mm lang, blassgelb, innen bärtig, ohne Zeichnung; lichte, wärmeliebende Wälder; westliches Mitteleuropa. Giftig. Geschützt D, A.

3 Knolliges Läusekraut

Pedicularis tuberosa Familie Wegerichgewächse Plantaginaceae

6–8 ↕ 10–25 cm ⛰ 1200–2600 m

Pflanze flaumig, behaart; Grundblätter 5–15 cm lang und 1–2 cm breit, stark fiederteilig, Abschnitte nochmals tief gezähnt; Blattstiele langhaarig; Krone 14–20 mm lang, blassgelb, mit linealischem, abwärts gebogenem Schnabel; Kelch zottig behaart.

Vorkommen: Kalkarme Böden, saure Magerrasen; verbreitet. Zentral- und Südalpen, in den nördlichen Kalkalpen fehlend, Pyrenäen.

Wissenswertes: Ein weitere gelb blühende Art kalkreicher Rasen und Staudenfluren ist das **Gelbe Läusekraut** *(P. foliosa)* mit doppelt gefiederten bis 20 cm langen und bis 8 cm breiten Blättern; Pflanze 30–70 cm hoch; Krone hellgelb, 20–28 mm lang; Blütenähre von großen, gefiederten Tragblättern durchsetzt. Hauptsächlich nördliche Kalkalpen, selten Zentral- und Südalpen, spanische und französische Gebirge, Apennin.

4 Gelbes Mänderle, Gelber Ehrenpreis

Paederota (Veronica) lutea Familie Wegerichgewächse Plantaginaceae

6–8 ↕ 10–30 cm ⛰ 1000–2500 m

Stängel aufrecht bis überhängend; Blätter gegenständig, sitzend, mattgrün, eiförmig, bis 7 cm lang, scharf gesägt, zerstreut behaart: Blüten in endständigen, meist überhängenden Trauben; Krone zitronengelb, 2-lippig, 10–15 mm lang.

Vorkommen: Kalk- und Dolomitfelsen; verbreitet. Südostalpen.

1

2

3

4

1 Spatelblättriges Greiskraut

Tephroseris capitata (Wahlb.) Nord.
(Senecio capitatus (Wahlb.) DC.) Familie Korbblütengewächse Compositae oder Asteraceae

7–8 ↕ 20–40 cm 1800–2500 m

Pfl. grau- bis weißfilzig, dicht beblättert; Grundb. rosettig, verkehrt-eiförmig, stumpf gezähnt; St.b. länglich, sitzend; Blütenköpfe 2–3 cm br., kurz gestielt, zu 2–10 dicht gedrängt; Zungen- und Scheibenblüten orangegelb; Hülle schmalglockenförmig, mit 15–20 Hüllb., diese oft rotbraun.

Vorkommen: Steinige Rasen, Alpenmatten, 1800–2500 m; selten. West- und Südalpen, Pyrenäen, Apennin, Balkanhalbinsel, Karpaten.

2 Großblütige Gämswurz

Doronicum grandiflorum Familie Korbblütengewächse Compositae oder Asteraceae

7–8 ↕ 15–50 cm 1500–3100 m

Stängel drüsig behaart; untere Blätter gestielt, breit eiförmig, am Grund gestutzt oder herzförmig, grob buchtig gezähnt; obere Blätter herzförmig, stängelumfassend; Blütenköpfe gelb, meist einzeln, 4–8 cm breit; Hüllschuppen lang zugespitzt, behaart.

Vorkommen: Kalkschutt, Felsbänder, steinige Matten; verbreitet. Alpen (in den Silikatmassiven fehlend), Pyrenäen, Korsika.

Wissenswertes: Ähnlich sind noch **Gletscher-Gämswurz** *(D. glaciale)*, aber grundständige Blätter länglich, in den Stiel verschmälert, am Rand steif bewimpert; auf sickerfeuchtem Steinschutt der Ostalpen; und die **Herzblättrige Gämswurz** *(D. columnae)*, mit herzförmigen, dreieckigen lang gestielten, regelmäßig gezähnten Blättern; in staudenreichen Matten der Ost- und Südostalpen.

3 Zottiges Habichtskraut

Hieracium villosum Familie Korbblütengewächse Compositae oder Asteraceae

7–8 ↕ 10–30 cm 1300–2800 m

Pflanze langzottig, weißhaarig; Rosettenblätter länglich-lanzettlich, ganzrandig, blaugrün; Blütenköpfe 2–4 cm breit, zu 1–4 am Stängel; nur mit hellgelben Zungenblüten; Hüllblätter spitz, rauhaarig.

Vorkommen: Kalkreiche, steinige Matten, Felsbänder, Geröllhalden; verbreitet. Alpen, Jura, Karpaten, Apennin, Illyrien, Balkanhalbinsel.

4 Endivien- oder Weißliches Habichtskraut

Hieracium intybacium Familie Korbblütengewächse Compositae oder Asteraceae

7–9 ↕ 10–30 cm 1500–3000 m

Blätter und Stängel mit klebrigen, langen Drüsenhaaren, unangenehm riechend; Blätter gelbgrün, schmal-lanzettlich, unregelmäßig grob gezähnt; Stängel gefurcht, einfach oder gabelästig; Blütenköpfe blassgelb, nur mit Zungenblüten; Hüllschuppen drüsig.

Vorkommen: Silikatfelsspalten, kalkarmer Feinschutt, Zwergstrauchheiden; verbreitet. Alpen, Vogesen.

4
3
2
1

1 Alpen-Greiskraut

Senecio alpinus (L.)Scop.
(S. cordatus Koch) Familie Korbblütengewächse Compositae oder Asteraceae

❀ 7–9 ↕ 30–100 cm ⛰ 500–2000 m

Grundb. und St.b. herzförmig, grob gezähnt, gestielt (1a); obere St.b. eiförmig bis lanzettlich, unterseits spinnwebig wollig, graugrün; Blütenköpfe 3–4 cm br.; Zungenblüten 13–16, wie die Scheibenblüten goldgelb.

Vorkommen: Hochstaudenfluren, Lägerfluren, Grünerlengebüsch; verbreitet. -Alpen, Apennin.

2 Edelrautenblättriges Greiskraut

Senecio abrotanifolius L. Familie Korbblütengewächse Compositae oder Asteraceae

❀ 7–9 ↕ 15–40 cm ⛰ 1000–2700 m

Pfl. am Grund schwach verholzt; B. kahl, dunkelgrün, die unteren doppelt, die oberen 1fach fiederschnittig, mit linealischen, 1–2 mm br. Zipfeln; Blütenköpfe zu 2–5, 2,5–4 cm br; Zungenblüten orangegelb, mit bräunlichen Streifen.

Vorkommen: Steinrasen, Latschen- und Zwergstrauchgebüsch, Felsschutt; zerstreut. Alpen (östlich), in Bayern nur Chiemgauer und Berchtesgadener Alpen, Ostschweiz, Österreich, nördliche Balkanhalbinsel.

3 Gämswurz-Greiskraut

Senecio doronicum Familie Korbblütengewächse Compositae oder Asteraceae

❀ 7–8 ↕ 20–50 cm ⛰ 1400–3100 m

Stängel spinnwebig-wollig; Blätter lederig, derb, untere länglich-eiförmig, gestielt, grob gezähnt, obere lanzettlich, sitzend; Blütenköpfe 3–6 cm breit, gold- oder orangegelb, zu 1–5, meist lang gestielt; Hüllblätter wollig, von einer Außenhülle umgeben.

Vorkommen: Kalkreiche Steinrasen, Matten, Zwergstrauchgebüsch; verbreitet. Alpen, spanische und französische Gebirge, Jura, Karpaten, Apennin, Illyrien.

4 Krainer Greiskraut

Senecio incanus ssp. *carniolicus* Familie Korbblütengewächse Compositae oder Asteraceae

❀ 7–9 ↕ 5–15 cm ⛰ 1800–3600 m

Stängel aufrecht oder aufsteigend, mehrköpfig; Blätter anfangs seidenhaarig, grau, später verkahlend und grün, verkehrt-eiförmig, eingeschnitten gekerbt oder fiederlappig; Blütenköpfe 1–2 cm breit, zu 3–15, mit trichterförmiger Hülle und dottergelben oder orangefarbenen Zungen- und Röhrenblüten.

Vorkommen: Saure, kalkfreie Magerrasen, Zwergstrauchheiden, Moränengrus; verbreitet. Ostalpen, in den Nordalpen selten, Karpaten. Geschützt D.

Wissenswertes: Ähnlich ist das Graue Greiskraut *(S. incanus* ssp. *incanus)*, aber Blätter dicht weißfilzig und bis fast zum Mittelnerv, fiederteilig. In den Westalpen verbreitet.

2
2a
4
3
1
1a

1 Klebrige Kratzdistel

Cirsium erisithales Familie Korbblütengewächse Compositae oder Asteraceae

6–9 ↕ 50–150 cm ⛰ 1000–2000 m

St. oben drüsig-flaumig, im oberen Drittel b.los; B. lanzettlich, tief fiederspaltig, mit lanzettlichen, fein borstlich gezähnten Lappen; untere B. gestielt, obere (1a) st.umfassend; Blütenköpfe (1b) gelblichweiß bis zitronengelb, meist einzeln, an der Spitze des St. überhängend; Hüllb. Dicht drüsig, klebrig, ganzrandig.

Vorkommen: Krautreiche Wälder, Waldränder, kalkliebend, zerstreut. Gebirge Mitteleuropas, in Deutschland fehlend.

2 Berg-Pippau

Crepis bocconii (C. pontana) Familie Korbblütengewächse Compositae oder Asteraceae

6–8 ↕ 20–60 cm ⛰ 1200–2500 m

Stängel aufrecht, meist 1-köpfig, im oberen Teil flaumig behaart, unter dem Blütenkopf deutlich verdickt; Stängelblätter länglich-elliptisch, gezähnt; Blütenköpfe 4–5 cm breit, goldgelb; Hüllblätter zottig behaart.

Vorkommen: Kalkreiche, feuchte Böden, steinige Rasen, Hochstaudenfluren; zerstreut. Alpen, Gebirge des östlichen Mittel- und Südeuropas.

3 Felsen-Pippau

Crepis jacquini Familie Korbblütengewächse Compositae oder Asteraceae

7–8 ↕ 10–20 cm ⛰ 1000–2500 m

Stängel oben locker behaart, in 2–5 einköpfige Äste geteilt; Grundblätter linealisch-lanzettlich, ganzrandig oder entfernt buchtig gezähnt, lang gestielt, mittlere Blätter tief buchtig fiederspaltig, mit schmal-lanzettlichen Abschnitten; Blüten gelb; Hülle meist sternhaarig, flaumig bis weißflockig.

Vorkommen: Kalkreiche, lückige Steinrasen, Feinschutt; zerstreut. Nordostalpen, Karpaten.

4 Arnika, Bergwohlverleih

Arnica montana Familie Korbblütengewächse Compositae oder Asteraceae

6–7 ↕ 20–50 cm ⛰ Ebene bis 2800 m

Pflanze mit grundständiger, meist 4-blättriger Rosette; Stängelblätter gegenständig, eiförmig, spitz; Blütenköpfe 1 (selten bis 5), 5–8 cm breit; randliche Blüten zungenförmig, orange bis dottergelb, 2–3 cm lang und 4–6 mm breit.

Vorkommen: Silikatmagerrasen, Moorwiesen, kalkmeidend; verbreitet. Alpen und Vorland, Europa, von Südskandinavien bis Portugal, Norditalien, Karpaten. Geschützt D, A.

Wissenswertes: Alte Heilpflanze, enthält ätherische Öle, Bitterstoffe, Flavonoide; vor allem für äußerliche Anwendungen bei Verstauchungen und Quetschungen. Innerliche Anwendung ist zu vermeiden, da durch Trinken von Arnikatee Vergiftungen aufgetreten sind.

4

1a

1b

2

3

1 Rundblättriges Täschelkraut

Thlaspi rotundifolium Familie Kreuzblütengewächse Cruciferae oder Brassicaceae

7–9 ↕ 5–15 cm ⛰ 1300–3300 m

Pflanze rasenbildend, mit tiefer Pfahlwurzel; Stängel im Geröll kriechend; Grundblätter fast rosettig gehäuft, rundlich, plötzlich in den Stiel verschmälert, bläulichgrün, obere Blätter stängelumfassend sitzend; Blüten duftend, rosa bis hellviolett, in kugeligen Doldentrauben; Kronblätter 6–8 mm lang; Schötchen verkehrt-eiförmig, 4–8 mm lang.

Vorkommen: Beweglicher Kalkschutt, Geröll, nur auf Kalk und Dolomit; häufig. Alpen.

Wissenswertes: Die Pflanze gehört zu den typischen Schuttwanderern, die mit ihren biegsamen Kriechtrieben den Felsschutt durchziehen. Bei Verschüttung verlängern sie ihre Triebe und bilden Blätter und Blüten.

2 Steinschmückel

Petrocallis pyrenaica Familie Kreuzblütengewächse Cruciferae oder Brassicaceae

6–7 ↕ 2–8 cm ⛰ 1700–3400 m

Dichtrasige Polsterpflanze; Blätter klein, rosettig gehäuft, vorne 3–5-lappig, gewimpert; Blüten in gedrungenen Dolden; Kronblätter 4, rosa oder violett, 4–5 mm lang, doppelt so lang wie die rot gerandeten Kelchblätter; Schötchen elliptisch.

Vorkommen: Kalkreicher Felsschutt, Felsbänder, Pionierrasen; verbreitet. Alpen, Pyrenäen, Karpaten. Geschützt D, A.

3 Halbstrauchiger Ehrenpreis

Veronica fruticulosa Familie Wegerichgewächse Plantaginaceae

7–8 ↕ 10–20 cm ⛰ 1000–2800 m

Stängel vom Grund an verzweigt und schwach verholzt; Blätter gegenständig, kurz gestielt, länglich, schwach gekerbt, anliegend behaart; Blüten in lockerer, armblütiger, drüsig-flaumiger Traube; Krone hellrot, mit dunkleren Adern; Fruchtkapsel breit-eiförmig, feindrüsig, seicht ausgerandet.

Vorkommen: Sonnige Felsbänder, kalkreiche steinige Trockenhänge; verbreitet. Alpen (fehlt in den Nordostalpen östlich der Chiemgauer Alpen), Pyrenäen, Vogesen, Schwarzwald, Karpaten, Korsika, Apennin, Illyrien, Altai, Arktis.

4 Kies-Weidenröschen

Epilobium fleischeri Familie Nachtkerzengewächse Onagraceae oder Oenotheraceae

7–9 ↕ 10–50 cm ⛰ Täler bis 2600 m

Pflanze mehrstängelig, buschig, mit bogig aufsteigenden Stängeln; Blätter wechselständig, schmal lanzettlich, bis 4 cm lang und 4–5 mm breit, kahl, am Rand drüsig gezähnt; Blütentraube mit 5–10, lang gestielt großen Blüten; Kronblätter 4, hellpurpurn, Kelchblätter purpurrot; Narbe 4-teilig; Fruchtkapsel bis 5 cm lang.

Vorkommen: Offene Kies- und Schotterfluren, Flusskies, Moränen; zerstreut. Alpen, hauptsächlich in den Zentralalpen, im Norden selten (in Bayern nur im Allgäu). Geschützt D, A.

3

2

1

4

1 **Türkenbund-Lilie**
Lilium martagon Familie Liliengewächse Liliaceae
6–8 ↕ 40–100 cm Ebene bis 2600 m
Zwiebelpflanze mit aufrechtem Stängel; Blätter länglich-spatelförmig, bis 15 cm lang, wechselständig oder fast quirlständig; Blütentraube mit 3–10 nach abwärts gekrümmten Blüten; Blütenblätter 6, frei, zurückgerollt, fleischrot, mit dunkleren Flecken; Staubblätter mennigrot.
Vorkommen: Bergmischwälder, Buchenwälder, Bergwiesen; zerstreut bis selten. Alpen, fast ganz Europa. Geschützt D, A, CH.
Wissenswertes: Die Blütenknospen werden gerne von Reh- und Rotwild verzehrt. Ähnlich ist die **Krainer Lilie** *(L. carniolicum)*, aber Blüten zu 1–3, zinnoberrot; auf Kalk in den Südostalpen (Karawanken, Julische Alpen). Geschützt A.

2 **Stängelloses Leimkraut**
Silene acaulis Familie Nelkengewächse Caryophyllaceae
6–8 ↕ 2–5 cm 1500–3600 m
Dichte, flache, reichblütige Polsterpflanze mit dachziegeligen, linealischen, 1-nervigen, 5–12 mm langen Blättern; Blüten einzeln, endständig, kurz gestielt; Kronblätter 5, dunkel- bis blassrot, verkehrt eiförmig, schwach ausgerandet, 6–14 mm lang; Griffel 3.
Vorkommen: Steinige, meist kalkhaltige Böden, Schutthänge, Felsspalten; häufig. Alpen, Pyrenäen, Karpaten, Apennin, Illyrien, Balkanhalbinsel, Arktis. Geschützt D, A.
Wissenswertes: Die Pflanze produziert ihren eigenen Humus, indem die Blätter im Inneren der dichten Polster rasch absterben. Die Flachpolster der langsam wachsenden Pflanze erreichen einen Durchmesser von über 1 m, besitzen eine Pfahlwurzel von einer Länge bis zu 130 cm und können über 100 Jahre alt werden.

3 **Zwerg-Seifenkraut**
Saponaria pumila Familie Nelkengewächse Caryophyllaceae
7–9 ↕ 5–10 cm 1500–2600 m
Dichte Polsterpflanze mit kurzen, 1-blütigen Stängeln; Blätter kahl, etwas fleischig, linealisch, zur Spitze hin verbreitert, stumpf; Blüten 20–25 mm breit, fast sitzend, Kelch aufgeblasen, dicht kurzzottig behaart, grün, oft rötlich überlaufen; Kronblätter breit-eiförmig, kräftig rosarot, schwach ausgerandet, mit 2-spitziger Nebenkrone.
Vorkommen: Kalkarme und saure, lückige Rasen, Zwergstrauchbestände; zerstreut bis selten. Zentrale Ostalpen (Hohe Tauern, Defreggengebirge), Dolomiten, Sarntaler Alpen, Südostkarpaten. Geschützt A.

4 **Alpen-Lichtnelke**
Lychnis alpina Familie Nelkengewächse Caryophyllaceae
6–8 ↕ 5–15 cm 1900–3100 m
Pflanze kahl, mit grundständiger Blattrosette; Blätter länglich, linealisch, spitz, kahl oder am Blattgrund bewimpert; Blütenstand kopfig, dicht; Krone hellpurpurn bis leuchtend rot, 2-spaltig, 8–12 mm breit, mit Nebenkrone.
Vorkommen: Kalkarme oder saure, lückige Rasen, saure Schutthalden, windexponierte Grate; zerstreut bis selten. West- und Zentralalpen, Pyrenäen, Apennin, Arktis.

4

2

1

3

1 Alpen-Nelke

Dianthus alpinus Familie Nelkengewächse Caryophyllaceae

6–8 ↕ 5–20 cm 1000–2500 m

Pflanze mit mehreren grundständigen Blattrosetten; Stängel mit 2–5 Blattpaaren; Blätter linealisch, 1-nervig, am Rand rau; Blüten einzeln, bis 3 cm breit; Kelchschuppen 2–4, in eine lange Spitze ausgezogen; Krone unregelmäßig gezähnt, purpurn, am Grund weiß gesprenkelt.

Vorkommen: Steinige Matten, Zwergstrauchheiden; verbreitet. Nordostalpen. Geschützt A.

2 Alpen-Federnelke

Dianthus monspessulanus ssp. *sternbergii* Familie Nelkengewächse Caryophyllaceae

7–8 ↕ 10–20 cm 1000–2500 m

Stängel meist 1-blütig, mit steifen, fast waagrecht abstehenden, linealischen, zugespitzten Blättern; Kelchschuppen 4, halb so lang wie der Kelch, in eine grüne Granne auslaufend; Krone rosa bis hellpurpurn, bis zur Hälfte unregelmäßig fein zerschlitzt.

Vorkommen: Kalkreicher Felsschutt, steinige Matten, Felsspalten; zerstreut. Südostalpen. Geschützt A.

3 Gletscher-Nelke

Dianthus glacialis Familie Nelkengewächse Caryophyllaceae

7–9 ↕ 4–8 cm 1800–3000 m

Pfl. dichtrasig; B. linealisch, stumpf, etwas fleischig, die Blüten oft überragend; Blüten einzeln, purpurrosa, 15 mm br.; Kelchschuppen ei-lanzettlich, mit grüner Spitze, fast so lg. wie der Kelch.

Vorkommen: Steinige Rasen, Felsgrus, auf Silikatböden; zerstreut bis selten. Zentralalpen, Karpaten.

4 Großblütiges Leimkraut

Silene elisabethae

6–9 ↕ 10–25 cm 1400–2400 m Familie Nelkengewächse Caryophyllaceae

Grundb. lanzettlich, kahl, nur am Rand bewimpert; St.b. drüsig behaart, klebrig; Blüten zu 1–4, rötlichpurpurn bis dunkelrot, 3–4 cm br.; Kronb. tief ausgerandet, mit stumpf gezähnten Lappen; Kelch 10nervig.

Vorkommen: Felsschutt, Felsspalten; zerstreut bis selten. Endemische Art der Kalkgebirge zwischen Comersee und Gardasee.

3

1

2

4

1 Gletscher-Mannsschild

Androsace alpina Familie Primelgewächse Primulaceae

7–8 ↕ 2–5 cm 2000–4200 m

Lockerrasige Polsterpflanze; Blätter in Rosetten, lanzettlich, stumpflich, 3–6 mm lang, dicht stehend, mit Sternhaaren; Blüten einzeln, kurz gestielt, rosa, selten weiß, mit gelbem Schlund, 7–10 mm breit.

Vorkommen: Kalkarme oder saure, lange schneebedeckte Böden, feuchter Feinschutt, Moränengrus; verbreitet. Zentralalpen, seltener Nord- und Südalpen. Geschützt A, CH.

Wissenswertes: Ähnlich ist der **Steirische Mannsschild** *(A. wulfeniana)*, aber Blätter schwach gekielt, zugespitzt, etwas fleischig; Krone 10–12 mm breit, dunkelrosa, mit gelbem Schlund. Windexponierte Grate, trockene Gesteinsfluren, kalkarme Böden. Endemisch in den Ostalpen (südliche Niedere Tauern, Gurktaler und Seetaler Alpen, östliches Südtirol). Geschützt A.

2 Fleischroter Mannsschild

Androsace carnea Familie Primelgewächse Primulaceae

6–7 ↕ 2–8 cm 2000–3000 m

Polsterpflanze mit rosettig gehäuften, lineal-lanzettlichen, kurzhaarig bewimperten, 5–15 mm langen, 1–2 mm breiten, fleischigen Blättern; Blüten an 2–10 mm langen Stielen in mehrblütiger Dolde; Krone hell- bis dunkelrosa, selten weiß, mit gelbem Schlund, 5–9 mm breit, Kronzipfel abgerundet.

Vorkommen: Feuchter, kalkarmer, oder saurer Feinschutt, Schneeböden, Magerrasen; zerstreut. Westalpen, Pyrenäen, Auvergne, Vogesen. Geschützt CH.

3 Alpen-Glöckel, Heilglöckel

Cortusa matthioli L. Familie Primelgewächse Primulaceae

7–8 ↕ 15–40 cm 1100–1900 m

Pfl. zottig behaart und drüsig; B. grundständig, lg. gestielt, fast kreisrund, 11–13lappig, ungleich grob gezähnt, 6–10 cm br.; Blüten zu 3–12 in endständiger Dolde mit 5–7 cm lg. Stielen; Krone rosarot, trichterförmig, 7–12 mm lg., wohlriechend.

Vorkommen: Hochstaudenfluren, Grünerlengebüsch, feuchter Felsschutt; zerstreut. In den Alpen lückenhaft verbreitet; Karpaten. Geschützt D, A.

4 Ganzrandige Primel

Primula integrifolia L. Familie Primelgewächse Primulaceae

6–7 ↕ 2–6 cm 1800–3000 m

B. elliptisch oder länglich, weich, grasgrün, noch oben eingerollt, ganzrandig, mit farblosen, kaum klebrigen Drüsenhaaren; Blütenschaft 1–2 cm, mit 1–3 kurz gestielten Blüten; Krone rotviolett, 15–25 mm br., Schlund drüsig-zottig; Kelch röhrig-glockenförmig, meist rötlich überlaufen.

Vorkommen: Kalkarme feuchte Böden, Schneetälchen; zerstreut. Mittlere Zentralalpen, Pyrenäen. Geschützt A.

4

1

2

3

1 Mehl-Primel

Primula farinosa Familie Primelgewächse Primulaceae

5–7 ↕ 5–20 cm Ebene bis 2900 m

Blätter in grundständiger Rosette, oberseits dunkelgrün, unterseits weiß bestäubt, meist unregelmäßig gezähnt; Blüten rosa oder rotviolett, mit gelbem Schlund, 10–15 mm breit, in aufrechter Dolde; Kronzipfel 2-spaltig.

Vorkommen: Kalkflachmoore, Sumpfwiesen, alpine Steinrasen; in den Alpen und Vorland verbreitet, sonst selten. Fast ganz Europa (außer Griechenland und Irland). Geschützt D, A.

2 Zwerg-Primel

Primula minima Familie Primelgewächse Primulaceae

6–7 ↕ 1–4 cm 1500–3000 m

Blätter rosettenartig gedrängt, glänzend, keilförmig, bis 2 cm lang, vorne gestutzt, mit großen, knorpeligen Sägezähnen; Blütenschaft 5–15 mm lang, meist 1-blütig; Krone rot, später verblassend, 1–2 cm breit, Schlund weiß; Kronzipfel tief eingeschnitten.

Vorkommen: Silikatmagerrasen, kalkarme ausgelaugte Böden, feuchter Schutt, Felsspalten, Schneetälchen; verbreitet. Ostalpen, Riesengebirge, Karpaten, Balkanhalbinsel. Geschützt D, A.

3 Behaarte Primel, Leim-Primel

Primula hirsuta Familie Primelgewächse Primulaceae

4–7 ↕ 3–10 cm 1200–3600 m

Pflanze dicht mit klebrigen Drüsenharen besetzt; Blätter meist grob gezähnt, etwas fleischig, oval, plötzlich in den geflügelten Stiel verschmälert, 3–6 cm lang; Blüten 15–25 mm breit, einzeln oder bis zu 15 am Blütenschaft, dieser meist kürzer als die Blätter; Krone rosa bis purpurrot, mit weißem Schlund; Kronlappen ausgebreitet, ausgerandet.

Vorkommen: Silikatfelsspalten, Ruhschutt, verbreitet. Von den Grajischen Alpen bis zu den hohen Tauern, Pyrenäen. Geschützt A.

4 Clusius' oder Nordostalpen-Primel

Primula clusiana Familie Primelgewächse Primulaceae

5–7 ↕ 2–10 cm 600–2300 m

Blätter grundständig, länglich-eiförmig, ganzrandig, oberseits glänzend, kahl, hellgrün, unterseits graugrün, mit schmalem, weißem Knorpelrand; Stängel drüsig, mit 2–5 gestielten Blüten; Krone 20–35 mm breit, rosarot bis lila, mit weißem Schlund; Kronzipfel tief eingeschnitten.

Vorkommen: Felsschutt, Felsspalten, Schneeböden, stets auf Kalk; zerstreut. Nordostalpen (Berchtesgadener Alpen bis Wiener Schneeberg, Niedere Tauern). Geschützt D, A.

Wissenswertes: Ähnlich ist die **Wulfen-** oder **Südostalpen-Primel** *(P. wulfeniana)*, aber Blätter blaugrün, mit breitem Knorpelrand; feuchte Gesteinsfluren, Schneeböden, auf Kalk der Südostalpen. Geschützt A.

1

4

2

3

1 **Gewelltrandige Primel**
Primula marginata Familie Primelgewächse Primulaceae

5–7 5–12 cm 500–2600 m

Blätter grundständig, verkehrt-eiförmig bis oval, fleischig, geschweift gezähnt, am Rand weißmehlig, bis 10 cm lang; Blütenschaft mehlig bestäubt, mit 3–15 Blüten; Krone rosaviolett bis blaulila, am Schlund mit weißmehligem Ring, bis 2 cm breit; Kronröhre ewa 3-mal so lang wie der 2–6 mm lange, mehlige Kelch.
Vorkommen: Felsspalten, auf Kalk oder Schiefer; zerstreut. Südwestalpen (Seealpen, Dauphiné-Alpen).

2 **Alpenveilchen**
Cyclamen purpurascens Familie Primelgewächse Primulaceae

7–9 5–15 cm Tallagen bis 2000 m

Pflanze mit kugeliger Knolle; Blätter grundständig, immergrün, nieren- bis herzförmig, kahl, oberseits dunkelgrün, mit hellen Flecken, unterseits rötlich, 5–8 cm breit; Blüten einzeln, lang gestielt, duftend; Krone rotviolett, mit zurückgeschlagenen Kronzipfeln.
Vorkommen: Laubmischwälder, Bergwälder, lückige Rasen, Latschengebüsch, meist auf Kalk; zerstreut. Süd- und Ostalpen, Cevennen, Jura, Karpaten, Illyrien, Balkan. Geschützt D, A.
Wissenswertes: Die Pflanze enthält Saponine (vor allem die Knolle) und ist stark giftig.

3 **Dolomiten-Fingerkraut**
Potentilla nitida Familie Rosengewächse Rosaceae

6–8 3–8 cm 1500–3200 m

Spalierstrauch, silbergraue Teppiche bildend, mit verholzten, am Boden angedrückten Ästen; Blätter 3-zählig, seidenhaarig; Blättchen verkehrt-eiförmig, 10–15 mm lang; Stängel 1–2-blütig; Blüten 3 cm breit, rosarot, selten weißlich; Kronblätter 5, rundlich, ausgerandet, 2-mal so lang wie die innen dunkelroten, breit-lanzettlichen Kelchblätter; Staubfäden purpurrot.
Vorkommen: Sonnige Fels- und Schuttfluren, nur auf Kalk und Dolomit, zerstreut. Südliche Kalkalpen, Apennin. Geschützt A.

4 **Berg-Hauswurz**
Sempervivum montanum Familie Dickblattgewächse Crassulaceae

7–9 5–15 cm 1500–3400 m, selten tiefer

Blattrosette kugelig, 1–2 cm breit, später sternförmig ausgebreitet; Blätter lanzettlich, grün, beiderseits drüsig, mit kurzer, oft rötlicher Spitze; Blüten zu 3–10, 2–3 cm breit; Kronblätter 8–12, rotviolett, mit dunklerem Mittelstreifen.
Vorkommen: Silikatmagerrasen, Fels- und Schuttfluren; häufig. Alpen, Pyrenäen, Apennin, Korsika, Karpaten. Geschützt A.
Wissenswertes: Ähnlich sind: **Dach-Hauswurz** *(S. tectorum)*, Pflanze bis 50 cm; Rosettenblätter auf der Fläche drüsenlos, am Rand kurz bewimpert, stachelig zugespitzt, bläulichgrün; Blattrosette 2–5 cm breit; Kronblätter rosa bis purpurn, mit dunkleren Streifen. Felsschutt. Gebirge Mittel- und Südeuropas. Geschützt D, A.

3

1

2

4

1 **Spinnweben-Hauswurz**
Sempervivum arachnoideum L. Familie Dickblattgewächse Crassulaceae

❀ 7–9 ↕ 5–12 cm ⛰ 500–2800 m

Pfl. mit kugelig geschlossener B.rosette; B. am Rand kurzdrüsig, durch lg., spinnwebige Haare verbunden; Blütenstand dicht, 5–18blütig; Kronb. 8–10, br.-lanzettlich, rosa-rot, mit purpurnem Mittelnerv.
Vorkommen: Steinige Magerrasen, meist kalkarme bis kalkfreie Felsfluren; verbreitet. Alpen, Pyrenäen, Apennin, Karpaten. Geschützt D, A.

2 **Dunkler Mauerpfeffer**
Sedum atratum L. Familie Dickblattgewächse Crassulaceae

❀ 6–8 ↕ 3–8 cm ⛰ 1200–1600 m

Ähnlich Alpen-Mauerpfeffer, aber Pfl. nicht rasenbildend, fast nur mit blühenden Trieben; B. dick, fast stielrund, stumpf; Kronb. 5, schmal eiförmig, zugespitzt, 3–4 mm lg, weißlich, grünlich oder rötlich.
Vorkommen: Felsspalten, Kalkschutt, kalkhaltige Böden; verbreitet. Alpen, Pyrenäen, Balkanhalbinsel.

3 **Rundblättriger Mauerpfeffer**
Hylotelephium anacampseros (L.) Ohba

❀ 7–8 ↕ 10–25 cm ⛰ 1500–2500 m

Nichtblühende Triebe niederliegend, am Ende mit B.rosette; B. fleischig, br.-eiförmig, flach; Blüten 4- oder 5zählig, in dichter, kugeliger Traube; Kronb. 4–5 mm lg., außen blauviolett, mit grünem Kiel, innen purpurn.
Vorkommen: Felsen, Felsschutt, kalkarme und kalkfreie Böden; zerstreut. West- und Südwestalpen, Pyrenäen, Apennin.

4 **Zweiblütiger Steinbrech**
Saxifraga biflora All. Familie Steinbrechgewächse

❀ 7–8 ↕ 2–5 cm ⛰ 2000–4000 m

Pfl. mit locker verzweigten, kriechenden, meist 2blütigen St.; B. gegenständig, eiförmig, am Rand bewimpert; Kronb. purpurn, 3nervig, schmal-elliptisch; Kelchb. kurzdrüsig.
Vorkommen: Kalk- und Kalkschieferschutt der Zentralalpen; zerstreut. Geschützt A.

1

4

2

3

1 Roter Steinbrech

Saxifraga oppositifolia Familie Steinbrechgewächse Saxifragaceae

❀ 5–7 ↕ 5–10 cm ⛰ 1500–3500 m

Pflanze lockerrasig oder flache Polster bildend; Blätter gegenständig, elliptisch, stumpf, etwas fleischig, blaugrün, 2–3 mm lang, mit Kalkgrübchen, am Rand bewimpert; Blütenstängel 1-blütig; Kronblätter verkehrt-eiförmig, 2–3-mal so lang wie die Kelchblätter, anfangs weinrot, später blauviolett.

Vorkommen: Fels- und Schuttfluren; Moränen, auf Kalk und Silikat; häufig. Alpen, Sierra Nevada, Pyrenäen, Auvergne, Jura, Sudeten, Karpaten, Apennin, Balkanhalbinsel, Arktis. Geschützt D, A.

Wissenswertes: Ähnlich ist der **Gestutzte Steinbrech** *(S. retusa)*, aber Blätter dunkelgrün, nach rückwärts gebogen, 2–4 mm lang und Stängel mit 2–4, roten Blüten; Felsspalten und Felsschutt, stets auf Silikat; Südwestalpen (Seealpen bis ins westliche Tessin), Nordalpen (Steiermark, Salzburg). Geschützt A.

2 Rudolph-Steinbrech

Saxifraga rudolphiana Familie Steinbrechgewächse Saxifragaceae

❀ 6–8 ↕ 2–5 cm ⛰ 2200–3200 m

Pflanze dichte, feste Flachpolster bildend; Blätter verkehrt-eiförmig, stumpf, dachziegelig, 1,5–2 mm lang, graugrün, mit Kalkgrübchen, an der Spitze stark rückwärts gebogen; Blüten einzeln, purpurn.

Vorkommen: Felsgrus, schattige Felsen, auf Kalkglimmerschiefer, zerstreut. Zentralalpen Österreichs und Südtirol. Geschützt A.

3 Silber-Storchschnabel

Geranium argenteum Familie Storchschnabelgewächse Geraniaceae

❀ 7–8 ↕ 5–20 cm ⛰ 1600–2200 m

Silberweiß glänzend behaarte Pflanze mit lang gestielten Rosettenblätter; Blattspreite kreisrund, bis fast zum Grund handförmig in schmale Lappen geteilt; Kelchblätter elliptisch, begrannt, dicht silberweiß behaart; Kronblätter verkehrt-eiförmig, 12–15 mm lang, hell rosarot mit dunkleren Adern.

Vorkommen: Steinige, kalkreiche Rasen, Felsschutt; zerstreut. Südliche Kalkalpen, Apennin, Apuanische Alpen.

4 Alpen-Leberbalsam

Erinus alpinus Familie Braunwurzgewächse Scrophulariaceae

❀ 4–6 ↕ 10–20 cm ⛰ 1500–2500 m

Pflanze rasenbildend, mit mehreren Blattrosetten; Stängelblätter wechselständig, 1–2 cm lang, spatelförmig, an der Spitze kerbig gesägt; Blütenstand anfangs doldenartig, später verlängert; Krone violettrot oder purpurn, 1 cm breit, mit 5 ausgerandeten, etwas ungleich großen Zipfeln.

Vorkommen: Steinige Rasen, Feinschutt, Felsspalten, stets auf Kalk; zerstreut. Westliche und mittlere Kalkalpen (östlich bis Arlberg und Gardasee), Nordspanien, Pyrenäen, Jura, Apennin.

1

2

3

4

1 Schwarzes Kohlröschen

Nigritella nigra Familie Knabenkrautgewächse oder Orchideen/ Orchidaceae

6–9 ↕ 8–15 cm 1600–2800 m

Blätter grasartig, linealisch, hohlrinnig; Blüten schwarzpurpurn, selten rosa, in dichter, kugeliger bis eiförmiger, 1–2 cm langer Ähre, stark nach Vanille duftend; Blütenblätter lanzettlich, 1-nervig, 5–8 mm lang; Lippe dreieckig, mit langer gerader Spitze, nach oben gerichtet; Sporn sehr kurz.

Vorkommen: Sonnige Magerrasen; häufig. Alpen und Voralpen, Pyrenäen, Jura, Auvergne, Karpaten, Apennin, Balkanhalbinsel, Skandinavien. Geschützt D, A, CH.

2 Große oder Mücken-Händelwurz

Gymnadenia conopsea Familie Knabenkrautgewächse oder Orchideen Orchidaceae

5–6 ↕ 20–60 cm Ebene bis 2500 m

Blätter lanzettlich, 5–15 cm lang; Blütenähre zylindrisch, dichtblütig, 5–10 cm lang; Blüten rosaviolett, duftend, 8–12 mm groß; die 2 seitlichen Blütenblätter oval, 5–6 mm lang, Lippe mit 3 eiförmigen, stumpfen, gleich langen Zipfeln; Sporn dünn, fast 2-mal so lang wie der Fruchtknoten.

Vorkommen: Kalkmagerrasen, Moorwiesen, lichte Wälder; häufig. Alpen, fast ganz Europa. Geschützt D, A, CH.

Wissenswertes: Die Samen aller Orchideen-Arten sind winzig klein – etwa 200000 Samen wiegen weniger als 1 g. Sie besitzen kein Nährgewebe und sind auf die Symbiose mit einem geeigneten Pilz angewiesen, der sie in der ersten Lebensphase mit Nährstoffen und Wasser versorgt.

3 Wohlriechende Händelwurz

Gymnadenia odoratissima Familie Knabenkrautgewächse oder Orchideen Orchidaceae

6–8 ↕ 15–30 cm Ebene bis 2700 m

Blätter schmal-lanzettlich, spitz, bläulichgrün; Blütenähre anfangs kegelförmig, später verlängert; Blüten klein, purpurrot, hellrosa-violett bis weiß, stark duftend; Lippe 3-lappig, mit verlängertem, spitzem Mittellappen; Sporn kaum so lang wie der Fruchtknoten.

Vorkommen: Moorige Wiesen, lichte Wälder, steinige Hänge, meist auf Kalk. In den Alpen verbreitet, im Flachland selten. Europa, von Nordspanien bis Südskandinavien. Geschützt D, A, CH.

4 Alpen-Klee

Trifolium alpinum Familie Schmetterlingsblütengewächse Fabaceae oder Papilionaceae

6–8 ↕ 5–20 cm 1400–3100 m

Pflanze mit über 1 m langer Pfahlwurzel; Blätter 3-zählig, lang gestielt, mit lanzettlichen, spitzen, 6–10 cm langen Blättchen; Blütenköpfe 3–12-blütig; Blüten 2 cm lang, fleischrot oder purpurn, duftend.

Vorkommen: Kalkarme und saure Matten, Weiden; häufig. Alpen (in den nördlichen Kalkalpen fehlend), Nordspanien, Pyrenäen, Apennin, Siebenbürgen.

1

2

3

4

1 **Berg-Wundklee**
Anthyllis montana Familie Schmetterlingsblütengewächse Fabaceae oder Papilionaceae

6–7 10–30 cm 500–2400 m

Stängel niederliegend bis aufsteigend, dicht behaart; Blätter dicht behaart, gefiedert mit 8–20 lanzettlichen, bis 10 mm langen Fiederblättern und 1 gleich großen Endfieder; Blüten rosa bis purpurn, 12–16 mm lang, kurz gestielt, in dichten Köpfen.

Vorkommen: Steinige Weiden, Geröll, Kalkfelsen; ziemlich selten. In 2 Unterarten vorkommend: *A. m.* ssp. *montana*, mit stärkerer, abstehender Behaarung, ungleich langen, 4–5 mm langen Kelchzähnen, karminroten Blüten und 2,5–3 cm breiten Blütenköpfen; Südwestalpen, Jura, Apennin. Und *A. m.* ssp. *jacquinii,* mit geringerer, anliegender Behaarung, fast gleich langen, 3–4 mm langen Kelchzähnen, fleischfarbenen und meist dunkler geaderten Blüten und 2–2,5 cm breiten Blütenköpfen; Ost- und Südostalpen, Karpaten, Balkan.

2 **Quirlblättriges Läusekraut**
Pedicularis verticillata Familie Sommerwurzgewächse Orobanchaceae

6–8 5–30 cm 1600–2800

Stängel 2–4-zeilig behaart; Grundblätter gestielt, kammartig gefiedert: Stängelblätter zu 3–4 quirlständig; Blüten in kopfiger Traube, mit gefiederten bis gekerbten, oft purpurrot überlaufenen Tragblättern; Kelch aufgeblasen, behaart, 5-zähnig; Krone purpurrot, mit ungeschnäbelter, gestutzer Oberlippe.

Vorkommen: Steinige, kalkreiche Rasen, auch in Moorwiesen, ziemlich häufig; Alpen (in Bayern westlich der Schlierseer Berge fehlend), Pyrenäen, Apennin, Karpaten, Balkanhalbinsel, Arktis. Geschützt D, A.

3 **Fleischrotes oder Ähren-Läusekraut**
Pedicularis rostratospicata Familie Sommerwurzgewächse Orobanchaceae

7–8 20–40 cm 1500–2500 m

Stängel unten kahl, oben flaumig behaart; Grundblätter lang gestielt, 10–20 cm lang, lanzettlich, mit gelappten Fiedern; Blütenstand ährig verlängert, 8–14-blütig; Kelch wollig behaart; Krone fleischrot bis purpurn; Oberlippe in einen geraden, abwärts gerichteten Schnabel auslaufend.

Vorkommen: Kalkhaltige, etwas feuchte Bergwiesen und Matten; zerstreut. Alpen, Pyrenäen, Karpaten. Geschützt D.

4 **Geschnäbeltes Läusekraut**
Pedicularis rostratocapitata Familie Sommerwurzgewächse Orobanchaceae

6–8 5–20 cm 1200–2800 m

Blätter lanzettlich, 2-fach fiederteilig, 3–10 cm lang, oft violett überlaufenen; Blüten zu 3–12 in einer kurzen, kopfartigen Traube; Kelch röhrig-glockig, mit blattartig gekerbten Zipfeln; Krone purpurrot, 15–25 mm lang; Oberlippe in einen langen, geraden Schnabel herabgezogen.

Vorkommen: Kalkhaltige, steinige Matten, Felsritzen; verbreitet. Ostalpen, Illyrien, Ostkarpaten. Geschützt D.

1
2
3
4

1 Alpen-Mutterwurz

Ligusticum mutellina Familie Doldengewächse Umbelliferae oder Apiaceae

6–9 10–50 cm 1400–2800 m

Pflanze aromatisch riechend; Blätter 2–3-fach gefiedert, mit häutigen Blattscheiden; Fiedern lineal-lanzettlich, stachelspitz; Dolden 7–10-strahlig; Hülle meist fehlend, Hüllchenblätter 3 bis mehrere; Kronblätter weiß oder rosa, manchmal purpurn.

Vorkommen: Almwiesen, Rasen, Hochstaudenfluren, Zwergstrauchgebüsch; häufig. Alpen, Auvergne, deutsche Mittelgebirge, Karpaten, Balkanhalbinsel.

Wissenswertes: Alte Heil- und Würzpflanze; sehr gute Futterpflanze; die Extrakte der aromatisch duftenden Wurzel werden für Kräuterliköre verwendet.

2 Alpen-Berufkraut

Erigeron alpinus Familie Korbblütengewächse Compositae oder Asteraceae

7–9 5–20 cm 1500–2500 m

Blätter spatelförmig, angedrückt behaart, allmählich in den Stiel verschmälert; Stängel 1- bis mehrköpfig; Köpfe 15–30 mm breit, zwischen den rosaroten Zungenblüten und den gelben Röhrenblüten noch dünnröhrige Fadenblüten; Hüllblätter grün, locker behaart oder fast kahl.

Vorkommen: Steinrasen, Matten, kalkarme Böden, zerstreut. Alpen, Gebirge Mittel- und Südeuropas.

Wissenswertes: Ähnlich ist das **Einköpfige Berufkraut** *(E. uniflorus)*, aber Blütenkopf ohne Fadenblüten, Stängel 1-köpfig, Hüllblätter dicht wollig-zottig; Rasen, Felsschutt; Alpen, Pyrenäen, Kaukasus, Arktis.

3 Orangerotes Habichtskraut

Hieracium aurantiacum Familie Korbblütengewächse Compositae oder Asteraceae

6–8 20–50 cm 1200–2400 m

Pflanze mit ober- und unterirdischen Ausläufern; Rosettenblätter ei-lanzettlich, allmählich in den Grund verschmälert, rauhaarig; Stängelblätter 1–4, rasch nach oben hin kleiner werdend; Blütenköpfe 2–3 cm breit, zu 2–12 in verkürzter Doldentraube, nur mit gelborangenen bis braunroten oder feuerroten Zungenblüten; Hüllblätter schmal, schwarzdrüsig.

Vorkommen: Magerrasen, Weiden, Zwergstrauchheiden; ziemlich häufig. Alpen, Auvergne, Jura, deutsche Mittelgebirge, Karpaten, Illyrien, Skandinavien, Arktis.

4 Gold-Pippau

Crepis aurea Familie Korbblütengewächse Compositae oder Asteraceae

7–9 5–20 cm 1000–2900 m

Blätter in grundständiger Rosette, tief buchtig gezähnt, löwenzahnartig, kahl; Stängel unverzweigt, blattlos, oben schwarz behaart; Blütenköpfe 2–4 cm breit, nur mit orangegelben bis feuerroten Zungenblüten; Hülle abstehend schwarzhaarig; Früchte 6 mm lang, nach oben verschmälert, 15–20-rippig.

Vorkommen: Bergwiesen, Fettwiesen, Matten, häufig. Alpen und Vorland, Jura, Apennin, Illyrien, Nordgriechenland.

1

2

3

4

1 Alpen-Ehrenpreis

Veronica alpina Familie Wegerichgewächse Plantaginaceae

❀ 6–8 ↕ 2–15 cm ⛰ 1500–3200 m

Stängel abstehend behaart; untere Blätter kleiner als die oberen; Blätter eiförmig-elliptisch, stumpf, ganzrandig oder leicht gekerbt; Blüten blaulila, 6–7 mm breit, in gedrungener, armblütiger Traube; Blütenstiele und Kelch rauhaarig; Fruchtkapsel verkehrt-eiförmig, ausgerandet, langhaarig.

Vorkommen: Feuchte Matten und Weiden, Schneetälchen, Felsschutt; verbreitet. Alpen, Pyrenäen, Jura, Apennin, Karpaten, Balkanhalbinsel.

2 Blattloser Ehrenpreis

Veronica aphylla Familie Wegerichgewächse Plantaginaceae

❀ 6–8 ↕ 3–8 cm ⛰ 1200–2800 m

Blätter in grundständiger Rosette, breit-eiförmig, 10–15 mm lang, am Rand bewimpert; Blüten zu 2–6 in einer lang gestielten, kopfigen Traube; Krone lila oder tiefblau und dunkler geadert, 6–8 mm breit; Kelch und Fruchtkapsel drüsig behaart.

Vorkommen: Steinige Matten, Felsspalten, Felsschutt, vorwiegend auf Kalk; verbreitet. Alpen, Pyrenäen, Jura, Apennin, Karpaten, Balkanhalbinsel.

3 Felsen-Ehrenpreis

Veronica fruticans Familie Wegerichgewächse Plantaginaceae

❀ 6–8 ↕ 5–15 cm ⛰ 1200–2800 m

Pflanze vom Grund aus verzweigt, schwach verholzt, Blätter länglich-elliptisch, 1–2 cm lang, schwach gekerbt, glänzend, fast kahl; Blüten in 4–6-blütiger Traube, Krone azurblau, im Schlund mit purpurnem Ring; Kelch 4-teilig, wie die eiförmige, kaum ausgerandete Fruchtkapsel behaart, aber drüsenlos.

Vorkommen: Steinige Matten, Felsspalten, vorwiegend auf Kalk; ziemlich häufig. Alpen, Pyrenäen, Vogesen, Schwarzwald, Schottland, Karpaten, Illyrien, Altai, Arktis.

4 Alpen-Waldrebe

Clematis alpina Familie Hahnenfußgewächse Ranunculaceae

❀ 5–8 ↕ 100–200 cm ⛰ 1000–2200 m

Schlingpflanze mit lang gestielten, 3-zählig gefiederten, gegenständigen Blättern; Fiedern grob gesägt; Blüten achselständig, lang gestielt, violett bis hellblau, glockenförmig; Blütenblätter meist 4, bis 5 cm lang; Nektarblätter 10–12, spatelförmig, halb so lang wie die Blütenblätter, gelblichweiß.

Vorkommen: Latschen- und Alpenrosengebüsch, Waldränder, Schutthalden, Felsen, besonders auf Kalk; zerstreut. Alpen, Pyrenäen, Apennin, Karpaten, nördliche Balkanhalbinsel. Geschützt D, A.

Wissenswertes: Die Pflanze enthält Protoanemonin und ist giftig.

1

2

3

4

1 **Frühlings-Krokus**
Crocus albiflorus Familie Schwertliliengewächse Iridaceae

3–4 ↕ 8–15 cm Täler bis 2700 m

Pflanze mit Knolle, ohne oberirdischen Stängel; Blätter grundständig, grasartig, schmal-linealisch, mit weißem Mittelstreifen; Blüten violett, weiß oder gestreift; Blütenblätter unten zu einer Röhre verwachsen.
Vorkommen: Bergwiesen und Weiden, nährstoff- und stickstoffreiche Böden; ziemlich häufig. Alpen und Vorland, Pyrenäen, Zentralmassiv, Jura, Karpaten, Apennin, Balkanhalbinsel. Geschützt D, A.

2 **Dunkle Akelei**
Aquilegia atrata Familie Hahnenfußgewächse Ranunculaceae

5–8 ↕ 40–80 cm Ebene bis 2100 m

Grundständig Blätter lang gestielt, doppelt 3-teilig, mit eingeschnittenen Endfiedern, oberste Blätter sitzend, 3-lappig; Blüten braunviolett, 3–5 cm lang, mit 5 hakig gespornten Nektarblättern; Staubblätter gelb, weit aus der Blüten ragend.
Vorkommen: Lichte Wälder, Bergwiesen, Latschen- und Grünerlengebüsch; verbreitet. Alpen und Vorland, Apennin. Geschützt D, A.
Wissenswertes: Ähnlich sind: **Gewöhnliche Akelei** *(A. vulgaris)*, aber Blüten blau oder blauviolett; Staubblätter nicht aus der Blüte ragend; Laubwälder tieferer Lagen. Geschützt D, A. **Kleinblütige Akelei** *(A. einseliana)*, eine zierliche, bis 40 cm große Pflanze mit hell- bis dunkelblauen, nur halb so großen Blüten; Nektarblätter mit fast geradem Sporn; Kalkschutt, Felsspalten; selten in den nördlichen Kalkalpen, häufiger in den südlichen Kalkalpen. Geschützt D, A.

3 **Echtes Alpenglöckchen**
Soldanella alpina Familie Primelgewächse Primulaceae

4–6 ↕ 5–15 cm 1000–3000 m

Blätter grundständig, rundlich-nierenförmig, 1–3 cm breit, mit Basalbucht und oberseits hervortretenden Nerven; Blütenschaft 2–3-blütig, blattlos; Krone 8–15 mm lang, blauviolett, selten weißlich, trichterförmig, bis zur Mitte zerschlitzt.
Vorkommen: Kalkhaltige Schneeböden, feuchte Matten, lichte Wälder; häufig. Alpen, Pyrenäen, Auvergne, Jura, Schwarzwald, Apennin, Illyrien. Geschützt D, A.

4 **Kleines Alpenglöckchen**
Soldanella pusilla Familie Primelgewächse Primulaceae

5–8 ↕ 4–8 cm 1500–3000 m

Blätter grundständig, dünn, rundlich-nierenförmig, unter 1 cm breit, mit breiter Basalbucht, unterseits punktiert; Blüten einzeln; Krone eng glockenförmig, 10–15 mm lang, blassviolett, seltener weiß, bis auf ¼ zerschlitzt.
Vorkommen: Kalkarme Schneeböden, feuchter Ruhschutt, saure Humusböden; verbreitet. Zentral- und Ostalpen, Apennin, Karpaten, Bulgarien. Geschützt D, A.

1

2

3

4

1 Klebrige Primel, Blauer Speik
Primula glutinosa Familie Primelgewächse Primulaceae

✿ 7–8 ↕ 2–8 cm ▲ 1800–3200 m

Blätter ei-länglich, bis 6 cm lang, vorne meist gezähnt, allmählich in den breit geflügelten, kurzen Stiel verschmälert, dunkelgrün, glänzend, oberseits dunkel punktiert, stark klebrig; Blüten 10–15 mm breit, zu 2–7, dunkelblau, später violett, klebrig, duftend; Blütenstiele 1–2 mm lang; Tragblätter eiförmig, rotbraun.
Vorkommen: Silikatmagerrasen, Ruhschutt, lange schneebedeckte, kalkarme bis saure Böden; verbreitet. Alpen. Geschützt A.

2 Alpen-Lein
Linum alpinum Familie Leingewächse Linaceae

✿ 6–8 ↕ 10–30 cm ▲ 1400–2200 m

Pflanze mit vielen bogig aufsteigenden, blühenden und nichtblühenden, dicht beblätternden Trieben; Blätter wechselständig, lineal-lanzettlich, 1–3-nervig, bis 3 cm lang; Blüten zu 1–7, lang gestielt, 3–4 cm breit; Krone hellblau, am Grund gelblich; Kelchblätter lanzettlich, 5–7 mm lang; Frucht eine kugelige, stachelspitzige Frucht.
Vorkommen: Lückige Rasen, Felsschutt; verbreitet; Alpen. Geschützt D, A.
Wissenswertes: Die Art tritt in den Alpen in mehreren geografisch getrennten Unterarten und Sippen auf.

3 Schwalbenwurz-Enzian
Gentiana asclepiadea, Familie Enziangewächse Gentianaceae

✿ 7–9 ↕ 30–80 cm ▲ Tallagen bis 2000 m

Stängel aufrecht bis überhängend, dicht beblättert und mit zahlreichen Blüten; Blätter kreuzgegenständig, lanzettlich, spitz, 4–8 cm lang, 5-nervig; Blüten zu 1–3 blattachselständig; an schattigen Hängen sind die Blüten einseitswendig und die Blätter kammartig 2-zeilig angeordnet; Krone glockenförmig, 3–5 cm lang, dunkelblau, innen rotviolett.
Vorkommen: Moorwiesen, Bergwälder, Hochstaudenfluren, Grünerlengebüsch, Matten; verbreitet. Alpen und Vorland, Apennin, Südnorwegen. Geschützt D, A.

4 Ungarischer Enzian
Gentiana pannonica Familie Enziangewächse Gentianaceae

✿ 7–9 ↕ 30–60 cm ▲ 1400–2300 m

Stängel aufrecht, oben purpurn überlaufen; Blätter gegenständig, elliptisch, 5–7-nervig, untere gestielt, obere sitzend; Kelch mit 5–8 zurückgekrümmten Zipfeln; Krone glockenförmig, 2–5 cm lang, mit 5–9 eiförmigen Zipfeln, trübpurpurn, am Grund gelbgrün, schwarzrot punktiert.
Vorkommen: Kalkarme Magerrasen, Hochstaudenfluren, Latschengebüsch, Blockhalden; zerstreut. Ostalpen, Bergamasker Alpen, Böhmerwald. Geschützt D, A.
Wissenswertes: Ähnlich ist der **Purpur-Enzian** *(G. purpurea)*, aber Krone außen purpurrot, innen gelblich, mit 5–8 stumpfen Zipfeln; Kelch häutig, einseitig bis auf den Grund aufgeschlitzt, 2-zipfelig; kalkarme Böden, Zwergstrauch- und Grünerlengebüsch; zerstreut; Alpen (westlich), Apennin, Südnorwegen. Geschützt D, .A.

1

2

3

4

1 Stängelloser Enzian

Gentiana clusii Familie Enziangewächse Gentianaceae

5–8 ↕ 5–10 cm Ebene bis 2800 m

Blätter in grundständiger Rosette, ei-lanzettlich, spitz, 2–5 cm lang, in oder unter der Mitte am breitesten; Stängelblätter kleiner; Stängel meist sehr kurz, 1-blütig; Krone blau, glockig, innen ohne grüne Flecken, 5–6 cm lang; Kelch mit 5 lanzettlichen, spitzen, aufrechten Zähnen; Buchten zwischen den Zähnen spitz.

Vorkommen: Kalkhaltige Magerrasen, Moore, feuchter Felsschutt; verbreitet. Alpen und Vorland, Jura, Schwarzwald, Karpaten. Geschützt D, A.

2 Breitblättriger Enzian

Gentiana acaulis Familie Enziangewächse Gentianaceae

6–8 ↕ 5–10 cm 1200–3000 m

Ähnlich Stängellosem Enzian, aber Rosettenblätter verkehrt-eiförmig bis elliptisch, stumpf, größte Breite im oberen Drittel; Krone blau, innen mit olivgrünen Flecken, 5–6 cm lang; Kelchzähne spatelförmig; Buchten zwischen den Zähnen breit, mit weißer Verbindungshaut.

Vorkommen: Kalkarme, saure Matten, Steinrasen, Felsspalten; verbreitet. Alpen, Pyrenäen, Jura, Karpaten, Balkan. Geschützt D, A.

Wissenswertes: Ähnlich ist der **Alpen-Enzian** *(G. alpina)*, aber Grundblätter 1–3 cm lang, wenig länger als breit, matt, gelbgrün; Krone 3–4 cm lang, violett bis hellblau, innen heller, mit olivgrünen Streifen; West- und Südalpen, Pyrenäen, spanische Gebirge.

3 Schlauch-Enzian

Gentianella utriculosa Familie Enziangewächse Gentianaceae

5–8 ↕ 8–20 cm 500–2400 m

Stängel verzweigt, kantig, mehrblütig; Blätter eiförmig, Krone dunkelblau, außen oft grünlich, 15–20 mm breit, mit 15–25 mm langer Kronröhre und 5 ausgebreiteten, lanzettlichen Zipfeln; Kelch mit 2–4 mm breit geflügelten Kanten, zuletzt aufgeblasen.

Vorkommen: Kalkflachmoore, Magerrasen, Steinrasen, ziemlich selten. Alpen und Vorland, Apennin, Balkan. Geschützt D, A.

4 Deutscher Enzian

Gentianella germanica Familie Enziangewächse Gentianaceae

6–10 ↕ 5–40 cm 1000–2500 m

Stängel meist nur oben ästig; Stängelblätter ei-lanzettlich, meist spitz; Blätter und Kelchzipfel glattrandig, Krone 2–4 cm lang, 5-zipfelig, rotviolett, innen bärtig, mit 3–5 mm breiten Zipfeln.

Vorkommen: Kalkmagerrasen; zerstreut. Alpen, Jura. Geschützt D, A.

Wissenswertes: Ähnlich sind: **Rauer Enzian** *(G. aspera)*, aber Blätter um Rand rauhaarig; Kelchzipfel um Rand und auf dem Mittelnerv rauhaarig; Krone violett, im Schlund bärtig; Kalkmagerrasen; Nordalpen (östlich). Geschützt D, A. Beim **Feld-Enzian** *(G. campestris)* sind Krone und Kelch 4-teilig; Krone violett, im Schlund bärtig; Magerrasen, Felsfluren; mitteleuropäische Gebirge, Alpen und Vorland, Pyrenäen, Abruzzen, Skandinavien. Geschützt D, A.

1

2

3

4

1 Frühlings-Enzian

Gentiana verna Familie Enziangewächse Gentianaceae

3–8 ↕3–10 cm Ebene bis 2900 m

Pflanze mit grundständiger Blattrosette; Blätter lanzettlich, spitz, 1–3-nervig, bis 3 cm lang; Stängel aufrecht, 1-blütig; Krone tiefblau, mit 5 eirunden, abstehenden Zipfeln, dazwischen mit je einem 2-spitzigen Anhängsel; Kelch röhrenförmig, an den Kanten geflügelt.

Vorkommen: Kalkmagerrasen, Matten, Schutthalden, Flachmoore; häufig. Alpen und Vorland, Gebirge Mittel- und Südeuropas, Großbritannien, Norwegen, asiatische Gebirge (Kaukasus bis Mongolei). Geschützt D, A.

2 Bayerischer Enzian

Gentiana bavarica Familie Enziangewächse Gentianaceae

7–9 ↕5–20 cm 1800–3600 m

Pflanze rasenbildend, mit dicht beblätterten, nichtblühenden Trieben und aufsteigenden, 1-blütigen Stängeln; Blätter verkehrt-eiförmig, stumpf, fast alle gleich groß ; Krone tiefblau, 2–3 cm breit, mit hellerer Röhre und mit 5 ausgebreiteten, stumpfen Zipfeln; Kelch röhrenförmig, sehr schmal geflügelt.

Vorkommen: Feuchte Matten, Quellfluren, Schneetälchen, Feinschutt; zerstreut. Alpen. Geschützt D, A.

3 Schnee-Enzian

Gentiana nivalis Familie Enziangewächse Gentianaceae

6–8 ↕2–15 cm 1700–3000 m

Zarte, 1-jährige Pflanze; Stängel mehrblütig, aufrecht, dünn, oft vom Grund an verzweigt; Grundblätter in lockeren Rosetten, eiförmig stumpf; Stängelblätter lanzettlich spitz; Krone tiefblau, 8–15 mm breit, mit 5 sternförmig ausgebreiteten, lanzettlichen Zipfeln; Kelch mit schmal lanzettlichen Zipfeln; Kelchröhre mit gekielten, aber nicht geflügelten Kanten.

Vorkommen: Kalkhaltige Steinrasen, Feinschutt, magere Weiden; verbreitet. Alpen, Jura, Pyrenäen, Apennin, Karpaten, Balkanhalbinsel, Nordeuropa, Arktis. Geschützt D, A.

Wissenswertes: Die Pflanze besitzt extrem leichte, flugfähige Samen. Fast 70 000 Samen wiegen nur 1 Gramm.

4 Dachziegeliger Enzian

Gentiana terglouensis Familie Enziangewächse Gentianaceae

7–8 ↕3–6 cm 1900–2700 m

Pflanze dichtrasig, mit kurzen, dachziegelig beblätterten, nichtblühenden Trieben und 1-blütigen Stängeln; Blätter alle etwa gleich groß, etwa 5 mm lang und 3 mm breit, breit-lanzettlich, scharf zugespitzt, mit heller, trockenhäutigen Spitze, am Rand rau; Krone tiefblau; Kelch röhrenförmig, kaum geflügelt, mit 3-eckig-lanzettlichen Zähnen.

Vorkommen: Kalkreiche, steinige Matten, Pionierrasen; ziemlich selten. Ost- und Südostalpen (von den Dolomiten bis zu den Steiner Alpen). Geschützt A.

1

2

3

4

1 **Rundblättriger Enzian**
Gentiana orbicularis Familie Enziangewächse Gentianaceae
7–8 3–6 cm 2000–3000 m
Blätter in dichter Rosette, eiförmig bis kreisrund, 5–10 mm lang, lederig, dunkelgrün, mit rauem Rand; Blütenstiele sehr kurz; Krone tiefblau, mit fast kreisrunden oder rautenförmigen Zipfeln; Kelch schmal geflügelt.
Vorkommen: Trockene Magerrasen, Gesteinfluren, Felsbänder, meist kalkreiche Böden; zerstreut bis selten. Alpen, Apennin, Karpaten. Geschützt D, A.

2 **Purpur-Storchschnabel**
Geranium phaeum Familie Storchschnabelgewächse Geraniaceae
5–7 30–60 cm 1000–2400 m, gelegentlich auch tiefer
Stängel abstehend behaart; Blätter wechselständig, lang gestielt, untere Blätter im Umriss rundlich, bis 10 cm breit, etwa bis zur Mitte in 5–7 3-zipfelige, grob gekerbte Lappen geteilt; Blütenstand 2-blütig; Kronblätter 5, rotbraun oder schwarzviolett, bis 15 mm lang, am Grund bärtig; Staubfäden abstehend behaart.
Vorkommen: Bergwiesen, Weiden, Hochstaudenfluren, Auenwälder; zerstreut. Alpen und Vorland, Gebirge Mittel- und Südeuropas.
Wissenswertes: Ähnlich ist der **Wald-Storchschnabel** *(G. sylvaticum)*, aber Blätter fast bis zum Grund in 5–7 rhombische, grob gezähnte Lappen geteilt; Blüten, groß, radförmig, rotviolett; Bergwiesen, Hochstaudenfluren, Zwergstrauchgebüsch; häufig; Ebene bis 2500 m; Alpen und Vorland, Gebirge Mittel- und Südeuropas, Nordeuropa.

3 **Alpen-Vergissmeinnicht**
Myosotis alpestris Familie Borretschgewächse Boraginaceae
5–9 5–20 cm 1600–3000 m
Pflanze rauhaarig; Stängelblätter sitzend, eiförmig bis linealisch; Blütenstand ziemlich dicht; Krone himmelblau, 7–9 mm breit, mit gelben Schlundschuppen; Kelch dicht behaart, fast silberweiß, am Grund spitz, allmählich in den Stiel übergehend.
Vorkommen: Matten, Schuttfluren, Blockhalden; häufig. Alpen, Gebirge Europas.
Wissenswertes: Die Gattung Vergissmeinnicht ist sehr artenreich, und die Arten sind oft schwierig zu bestimmen.

4 **Zwerg-Himmelsherold**
Eritrichum nanum Familie Borretschgewächse Boraginaceae
7–8 2–5 cm 2400–3500 m
Seidig glänzende, dicht behaarte Polsterpflanze mit zahlreichen nichtblühenden Rosetten und starker Pfahlwurzel; Blätter ei-lanzettlich, 5–10 mm lang; Blüten zu 3–6; jede Blüte mit Tragblatt; Krone 5–8 mm breit, himmelblau, mit gelben Schlundschuppen.
Vorkommen: Silikatfelsspalten, Ruhschutt, lückige Pionierrasen, kalkarmes und saures Gestein; ziemlich selten. Zentral- und Südostalpen, Karpaten, Kaukasus. Geschützt A, CH.

1

2

3

4

1 **Zwerg-Baldrian**
Valeriana supina Familie Baldriangewächse Valerianaceae

❁ 7–8 ↕ 5–15 cm ⛰ 1800–2800 m

Pflanze rasenbildend, reich verzweigt, mit verholzter Sprossachse kriechend; Blätter spatelig, bis fast kreisrund, dicklich, am Rand kurz bewimpert; Blüten in endständigen Köpfchen, mit linealischen Hochblättern; Krone lila, rosa oder weißlich, 4–5 mm lang; Früchte mit langer, gefiedeter Haarkrone.

Vorkommen: Kalk- und Dolomitschutt, kalkreiche Schneetälchen; ziemlich selten. Ostalpen.

Wissenswertes: Ähnlich ist der **Felsschutt-** oder **Weidenblättrige Baldrian** *(V. saliunca)*, aber am Grund der Blattrosette mit einem dichten Mantel abgestorbener Blätter; Blätter verkehrt-eiförmig, kahl, in den Blattstiel verschmälert, mit seitlichen Zähnen; Krone schmutzig rosa; Felsspalten, Magerrasen; Westalpen, Abruzzen.

2 **Bärtige Glockenblume**
Campanula barbata Familie Glockenblumengewächse Campanulaceae

❁ 6–8 ↕ 10–40 cm ⛰ 1200–2800 m

Stängel unverzweigt, steifhaarig; Grundblätter rosettig, länglich-lanzettlich, rauhaarig; Blüten kurz gestielt, nickend, zu 2–12 in einseitswendiger Traube; Krone bauchig-glockig, 15–30 mm lang, hellblau, selten weiß; Kronzipfel innen bärtig; Kelch zottig behaart; Buchten zwischen den Kelchzipfeln mit herabgeschlagenen Anhängseln.

Vorkommen: Saure Magerrasen und Zwergstrauchheiden, Grünerlengebüsch, saure Böden; ziemlich häufig. Alpen, Karpaten, Sudeten.

3 **Scheuchzers Glockenblume**
Campanula scheuchzeri Familie Glockenblumengewächse Campanulaceae

❁ 6–9 ↕ 10–40 cm ⛰ 1000–3100 m

Lockerrasige Pflanzen; Grundblätter rundlich-nierenförmig, gekerbt, lang gestielt, zur Blütezeit meist vertrocknet; Stängelblätter lineal-lanzettlich, fast sitzend, gezähnt bis ganzrandig; Blüten nickend, weitglockig, 15–25 mm lang, dunkel blauviolett; Kelchzipfel linealisch.

Vorkommen: Matten, feuchter Felsschutt, Zwergstrauchbestände, lichte Bergwälder; häufig. Alpen, Jura, Schwarzwald, Böhmerwald, Sudeten, Pyrenäen, Apennin, Karpaten, Balkanhalbinsel.

4 **Zwerg-Glockenblume**
Campanula cochleariifolia Familie Glockenblumengewächse Campanulaceae

❁ 7–9 ↕ 5–20 cm ⛰ Täler bis 3000 m

Grundblätter rundlich-herzförmig, lang gestielt, grob gezähnt, obere Blätter schmal-lanzettlich, sitzend; Blüten blau, 10–20 mm lang, einzeln oder in wenigblütiger einseitswendiger Traube; Kelchzipfel borstlich, aufrecht oder abstehend.

Vorkommen: Felsbänder, Kalkschutt, Bachgeröll; häufig. Alpen und Vorland, Schwarzwald, Pyrenäen, Zentralmassiv, Jura, Vogesen, Karpaten, Illyrien.

1

2

3

4

1 Dolomiten-Glockenblume

Campanula morettiana Familie Glockenblumengewächse Campanulaceae

8–9 ↕ 3–8 cm 1500–2500 m

Lockerrasige Polsterpflanze; Grundblätter breit-eiförmig, lang gestielt, gezähnt, steifhaarig; Stängelblätter eiförmig, in den Stiel verschmälert; obere Blätter sitzend; Blüten meist einzeln, aufrecht; Krone dunkelblau, rotviolett, selten weiß, 2–3 cm lang, becherförmig; Kelchzähne lanzettlich, abstehend, ⅕ bis ¼ so lang wie die Krone.

Vorkommen: Kalk- und Dolomitfelsspalten; zerstreut; nur in den Dolomiten.

Wissenswertes: Ähnlich ist die **Insubrische Glockenblume** *(C. raineri)* mit breit becherförmiger, 3–4 cm breiter, hellblauer Krone und kurz gestielten, fast sitzenden, gekerbten, zerstreut kurzhaarigen Blättern; Kelchzähne breit-lanzettlich bis eiförmig, gesägt, ½ so lang wie die Krone; auf Kalk und Dolomit der italienischen Südalpen.

2 Mont-Cenis-Glockenblume

Campanula cenisia Familie Glockenblumengewächse Campanulaceae

7–9 ↕ 3–5 cm 2000–3500 cm

Kriechende Pflanze mit vielen nichtblühenden Trieben, an deren Ende Blattrosetten mit ovalen Blättern; Stängelblätter breit lanzettlich, ganzrandig, fleischig, lang bewimpert; Blüten einzeln, aufrecht, hellblau, bis 15 mm breit; Krone mit sternförmig ausgebreiteten, lanzettlichen Kronzipfeln; Kelch behaart.

Vorkommen: Felsschutt, Felsbänder, Moränen, bevorzugt auf Kalkschiefer; zerstreut. Südwest- und Zentralalpen.

3 Zoys', Krainer oder Nickende Glockenblume

Campanula zoysii Familie Glockenblumengewächse Campanulaceae

7–8 ↕ 3–10 cmm 1500–2500 m

Lockerrasige Pflanze; Grundblätter rundlich eiförmig, gestielt; Stängelblätter lanzettlich, fast sitzend; Blüten in 1–4-blütiger Traube, meist nickend; Krone hellblau bis blauviolett, 15–20 mm lang, zylindrisch, am Grund etwas bauchig, oben an der Mündung zusammengezogen, durch gefaltete Kronzipfel fast verschlossen.

Vorkommen: Kalkfelsspalten; zerstreut. Julische Alpen, Karawanken, Steiner Alpen. Geschützt A.

4 Alpen-Glockenblume

Campanula alpina Familie Glockenblumengewächse Campanulaceae

7–8 ↕ 5 –20 cm 1200–2400 m

Pflanze mit grundständiger Blattrosette; Blätter wollig zottig, lanzettlich, spitz, ganzrandig; Blüten in reichblütiger Traube, auf langen, zottigen Stielen, nickend; Krone glockig, hellblau bis lila, innen bewimpert, 10–20 mm lang; Kelch wollig zottig, mit linealischen Zipfeln.

Vorkommen: Steinige Matten, bodensaure Magerrasen, Zwergstrauchheiden; zerstreut. Ostalpen, Karpaten, Balkanhalbinsel.

1

2

3

4

1 **Kugelbütiges Knabenkraut**
Traunsteinera globosa Familie Knabenkrautgewächse oder Orchideen Orchidaceae

5–8 20–50 cm 1000–2500 m

Stängel am Grund mit 2–3 braunen Scheidenblättern; Stängelblätter wenig, langscheidig, ungefleckt, unterseits bläulichgrün; Blütenähre anfangs pyramidenförmig, dann kugelig, mit lila bis rosafarbenen, schwach riechenden Blüten; Blütenhüllblätter anfangs zusammenneigend, später abstehend; Sporn dünn, halb so lang wie der Fruchtknoten; Lippe 3-spaltig, dunkel punktiert.
Vorkommen: Feuchte Bergwiesen, Hochstaudenfluren, lockeres Latschengebüsch, auf Kalk und Schiefer; zerstreut bis selten. Alpen und Vorland, Mittelgebirge, Jura, Pyrenäen, Zentralmassiv, Apennin, Kaukasus, Balkanhalbinsel. Geschützt D, A, CH.

2 **Blauer Eisenhut**
Aconitum napellus Familie Hahnenfußgewächse Ranunculaceae

6–8 50–150 cm 1000–3000 m

Blätter fast bis zum Grund handförmig 5–7-teilig, oberseits dunkelgrün, unterseits hellgrün, Abschnitte mit schmal-linealischen Zipfeln; Blüten blauviolett, in meist einfacher oder wenigästiger, dichter Traube; Blütenhelm breiter als hoch.
Vorkommen: Hochstaudenfluren, überdüngte Weiden, Bachufer, Grauerlenwälder; häufig. Alpen, Pyrenäen, Karpaten, Gebirge Mittel- und Südeuropas. Geschützt D.
Wissenswertes: Die Pflanze enthält stark giftige Alkaloide wie Aconitin. Bereits wenige Gramm Pflanzenmaterial können gefährlich werden.

3 **Langsporniges Veilchen**
Viola calcarata Familie Veilchengewächse Violaceae

6–8 4–10 cm 1600–3000 m

Blätter eiförmig bis lanzettlich, gekerbt, mit 1–2 cm langen, lanzettlichen, oft fiederspaltigen Nebenblättern; Stängel 1-blütig; Blüten 25–40 mm groß, violett, selten gelb oder weiß, mit 8–15 mm langem Sporn; Kelchblätter lanzettlich, 6–7 mm lang, mit großen Anhängseln.
Vorkommen: Steinige Matten, Felsschutt; zerstreut. Alpen (westlich), Jura. Geschützt D.

4 **Alpen-Tragant**
Astragalus alpinus Familie Schmetterlingsblütengewächse Fabaceae oder Papilionaceae

7–8 7–25 cm 1500–2800 m

Pflanze niederliegend bis aufsteigend, Blätter unpaarig gefiedert, mit 15–25 elliptischen, stumpfen, anfangs beiderseits behaarten Blättchen; Blüten 10–15 mm lang, zu 5–15 in fast kugeliger Traube; Fahne bläulich oder violett, Flügel weißlich, Schiffchen am Vorderende violett, ohne Spitzchen; Hülse dunkel zottig behaart.
Vorkommen: Steinige Matten, windexponierte Grate, auf Kalk; verbreitet. Alpen, Pyrenäen, Karpaten, Kaukasus, Arktis.

1

2

3

4

1 Seidenzottiger Spitzkiel

Oxytropis halleri Familie Schmetterlingsblütengewächse Fabaceae oder Papilionaceae

6–8 ↕ 10–20 cm ⛰ 1200–2600 m

Pflanze mit dicker Pfahlwurzel; Blätter unpaarig gefiedert, beiderseits dicht zottig behaart, mit 11–29 ei-lanzettlichen, 10–15 mm langen Fiederblättern; Nebenblätter häutig, bewimpert; Blüten zu 6–16 in kopfiger oder ährenförmiger Traube; Krone blau bis rotviolett, 15–20 mm lang, mit hellem, kurz bespitztem Schiffchen.
Vorkommen: Trockene, magere Bergwiesen, Steppenföhrenwälder, Schutt- und Gesteinsfluren; zerstreut bis selten. Zentral- und Südalpen.

2 Gebirgs-Spitzkiel

Oxytropis jacquinii Familie Schmetterlingsblütengewächse Fabaceae oder Papilionaceae

7–8 ↕ 5–20 cm ⛰ 1500–2900 m

Stängel niederliegend bis aufsteigend, Blätter unpaarig gefiedert, blaugrün, 5–10 cm lang, mit 25–41 breit-lanzettlichen, spitzen Blättchen; Blüten zu 5–15 in kopfiger Traube; Krone blauviolett bis lila, mit scharf bespitztem Schiffchen.
Vorkommen: Steinige Rasen, Kalkfelsschutt; verbreitet. Alpen, nordspanische Gebirge, Pyrenäen, Apennin, Illyrien, Südwestkarpaten.

3 Alpen-Süßklee

Hedysarum hedysarioides Familie Schmetterlingsblütengewächse Fabaceae oder Papilionaceae

7–8 ↕ 10–30 cm ⛰ 1600–2800 m

Pflanze aufrecht oder aufsteigend; Blätter unpaarig gefiedert, mit 11–19 elliptischen, oberseits dunkelgrünen, unterseits hellgrünen Blättchen; Blüten purpurrot, 15–30 mm lang, zu 12–35 in einseitswendiger Traube; Fruchthülse flach gedrückt, 2–4 cm lang, zur Reife in 2–6 rundliche, 1-samige Glieder zerfallend.
Vorkommen: Bergwiesen, Matten, Zwergstrauchheiden, überwiegend auf Kalk; verbreitet. Alpen, Pyrenäen, Sudeten, Karpaten, Kleinasien, Kaukasus.

4 Bittere Kreuzblume

Polygala amara Familie Kreuzblumengewächse Polygalaceae

5–6 ↕ 10–20 cm ⛰ 1200–2600 m

Pflanze niederliegend bis aufsteigend, bitter schmeckend; Blätter am Grund rosettig gehäuft, deutlich größer als die nach oben folgenden; Blüten blau bis rötlichblau, 3–7 mm lang, Flügel 4–8 mm lang, Schiffchen (unteres Kronblatt) mit stark gefranstem, lappigem Anhängsel, unten am Übergang zum Anhängsel stark eingeschnürt.
Vorkommen: Steinige Matten, Halbtrockenrasen, Quellfluren, nur auf Kalk; verbreitet. Alpen, Gebirge Mittel- und Südeuropas.
Wissenswertes: Ähnlich ist die **Alpen-Kreuzblume** *(P. alpestris)*, aber Pflanze nicht bitter, oberste Blätter größer und breiter als die nach unten folgenden; Blüten blau, 4–6 mm lang; steinige Magerrasen, Zwergstrauchheiden, lichtes Latschengebüsch; Alpen.

1

2

3

4

1 Gemeines Fettkraut

Pinguicula vulgaris Familie Wasserschlauchgewächse Lentibulariaceae

5–7 ↕ 5–12 cm Ebene bis 2400 m

Blätter in grundständiger Rosette, fleischig, 3–6 cm lang, sich vom Rand her einrollend, mit Kleb- und Verdauungsdrüsen (siehe Alpen-Fettkraut, S. 28); Blüte (mit Sporn) 16–22 mm, blau, mit schlankem, pfriemlichem Sporn, dieser etwa ⅓ so lang wie die übrige Krone; untere Kelchblätter bis zur Mitte miteinander verwachsen; Zipfel der Unterlippe länger als breit.

Vorkommen: Flach- und Quellmoore, feuchte Felsspalten; verbreitet. Alpen und Vorland, deutsche Mittelgebirge. Geschützt D.

Wissenswertes: Ähnlich ist das **Dünnspornige Fettkraut** *(P. leptoceras)*, aber Blüte (mit Sporn) 20–30 mm lang, dunkelblau-violett; untere Kelchblätter bis zum Grund getrennt, Zipfel der Unterlippe etwa so lang wie breit. Seealpen bis Vorarlberg und Tirol.

2 Alpenhelm, Bartschie

Bartsia alpina Familie Sommerwurzgewächse Orobanchaceae

6–8 ↕ 5–15 cm 900–2900 m

Stängel kraushaarig; Blätter eiförmig, mit herzförmigem Grund, stumpf gezähnt, obere Blätter schmutzig violett; Blüten einzeln in den obersten Blättern; Krone röhrenförmig, 2-lippig, 15–20 mm lang, dunkelviolett, drüsenhaarig; Oberlippe helmförmig, Unterlippe flach; Kelch 4-spaltig.

Vorkommen: Quell- und Flachmoore, feuchte Wiesen und Zwergstrauchbestände; häufig. Alpen und Vorland, Pyrenäen, Jura, Vogesen, Schwarzwald, Sudeten, Karpaten, Altai, Arktis.

3 Alpen-Leinkraut

Linaria alpina Familie Wegerichgewächse Plantaginaceae

6–8 ↕ 5–15 cm 1200–3800 m, (im Flusskies der Alpenflüsse auch tiefer)

Stängel niederliegend, an den Enden aufsteigend; Blätter fleischig, bläulichgrün, kahl, schmal-lanzettlich, 8–15 mm lang; Blüten blauviolett, mit gelbem Gaumenfleck, mit langem Sporn, seltener einfarbig violettblau.

Vorkommen: Schutt- und Geröllhalden, Flussschotter, Kiesbänke; verbreitet. Alpen und Vorland, spanische Gebirge, Pyrenäen, Jura, Karpaten, Apennin, Illyrien, Balkanhalbinsel.

Wissenswertes: Das Alpen-Leinkraut gehört zu den Schuttüberkriechern, die den beweglichen Felsschutt mit vielen, dünnen, streckungsfähigen Sprossen überziehen.

4 Alpen-Steinquendel

Acinos alpinus Familie Lippenblütengewächse Labiatae oder Lamiaceae

6–9 ↕ 10–30 cm Täler bis 2500 m

Stängel niederliegend bis aufsteigend, schwach behaart; Blätter gegenständig, eiförmig, kurz gestielt, gegen die Spitze gesägt; Blüten zu 3–6 quirlständig, 10–18 mm lang, rotviolett; Unterlippe 3-lappig, mit weißen Zeichnungen.

Vorkommen: Steinige, kalkreiche Rasen, lichte Föhrenwälder; häufig. Alpen und Vorland, Pyrenäen, Apennin, Illyrien, Südkarpaten, Balkanhalbinsel.

1

2

3

4

1 Pyramiden-Günsel

Ajuga pyramidalis Familie Lippenblütengewächse Labiatae oder Lamiaceae

7–8 ↕ 10–20 cm 1200–2700 m

Blätter kreuzgegenständig, dicht stehend, nach oben kleiner werdend, die unteren rosettig, verkehrt-eiförmig, schwach gekerbt, 5–10 cm lang; obere Blätter oft violett überlaufen; Blüten zu 2–4 quirlständig; Krone hellviolettlbau, 10–18 mm lang; Oberlippe sehr kurz.

Vorkommen: Kalkarme Bergwiesen, Magerweiden, Zwergstrauchheiden; verbreitet. Alpen, Gebirge Mittel- und Südeuropas.

Wissenswertes: Alte Heilpflanze, als Wundmittel verwendet. Die Samen besitzen ölhaltige Anhängsel (Elaiosomen) und werden durch Ameisen verbreitet.

2 Alpenhelmkraut

Scutellaria alpina Familie Lippenblütengewächse Labiatae oder Lamiaceae

7–8 ↕ 20–40 cm 1500–2500 m

Stängel liegend bis aufsteigend, abstehend behaart; Blätter eiförmig bis lanzettlich, gekerbt gezähnt, selten fast ganzrandig, spärlich behaart; Blüten gestielt, in dichten, 4-seitigen, ährenartigen Blütenständen; Krone 2–3 cm lang, mit drüsig behaarter Röhre, blauviolett, mit weißlicher Unterlippe.

Vorkommen: Felsschutt, steinige Rasen, nur auf Kalk; zerstreut. Westalpen, spanische Gebirge, Pyrenäen, Apennin.

3 Pyrenäen-Drachenmaul

Horminum pyrenaicum Familie Lippenblütengewächse Labiatae oder Lamiaceae

6–8 ↕ 10–30 cm 1400–2400 m

Stängel aufrecht, unverzweigt; Blätter fast alle grundständig, groß, verkehrt-eiförmig, grob gekerbt, runzelig; Stängelblätter viel kleiner, ganzrandig; Blütenquirle 2–4-blütig in einem einseitswendigen Blütenstand; Krone dunkel blauviolett, 2-lippig, doppelt so lang wie der Kelch; Unterlippe mit 3 ungleichen Lappen.

Vorkommen: Magerweiden, steinige Matten, lichte Zirbenwälder, kalkreiche Böden; zerstreut. Alpen (in den Nordalpen selten), Pyrenäen. Geschützt D, A.

4 Blaues Mänderle

Paederota bonarota Familie Wegerichgewächse Plantaginaceae

6–8 ↕ 8–20 cm Täler bis 2500 m

Pflanze oft überhängend wachsend, mit dicht kraushaarigen Stängeln; Blätter gegenständig, rundlich eiförmig, sehr kurz gestielt, fast kahl, dunkelgrün, 3–4 cm lang, mit 4–10 nach vorne gerichteten Sägezähnen; Blüten an kurzen, behaarten Stielen in dichtblütiger Traube mit schmalen Tragblättern; Krone blauviolett, 10–13 mm lang, 2-lippig; Oberlippe ungeteilt, Unterlippe 3-lappig.

Vorkommen: Kalk- und Dolomitfelsspalten; ziemlich selten. Von den Bergamasker Alpen bis zu den Julischen Alpen, in Nordtirol und Salzburger Alpen sehr selten.

1

2

3

4

1 Herzblättrige Kugelblume
Globularia cordifolia Familie Wegerichgewächse Plantaginaceae

✿ 5–8 ↕ 3–10 cm ⛰ Täler bis 2800 m

Niederliegender, stark verzweigter, immergrüner, am Grund verholzter Spalierstrauch; Blätter am Ende der Triebe rosettig gehäuft, spatelig bis verkehrt eiförmig, vorne herzförmig ausgerandet, lederig, allmählich in den Stiel verschmälert; Blüten in 10–15 mm breiten Köpfen; Krone der Einzelblüten 6–8 mm lang, hell lilablau.
Vorkommen: Sonnige Kalkschuttböden, Felsbänder, steinige Matten; häufig. Alpen und Vorland, Gebirge Mittel- und Südeuropas. Geschützt D.
Wissenswertes: Die Arten der Kugelblume enthalten das schwachgiftige Glykosid Globularin.

2 Nacktstängelige Kugelblume
Globularia nudicaulis Familie Wegerichgewächse Plantaginaceae

✿ 5–8 ↕ 10–25 cm ⛰ 1000–2600 m

Pflanze krautig, nicht verholzt, Einzelrosetten bildend; Blätter in grundständiger Rosette, verkehrt-eilänglich, 10–15 cm lang und 2–3 cm breit, vorne abgerundet, lederig; Stängel mit 1–3 schuppenartigen Blättern und 15–25 mm breitem Blütenkopf; Krone 10–12 mm lang, blaulila.
Vorkommen: Steinige Kalkmagerrasen, lichte Wälder, Zwergstrauchheiden; häufig. Alpen (in den Zentral- und Südalpen selten), Pyrenäen, Apennin. Geschützt D.
Wissenswertes: Ähnlich ist die **Echte Kugelblume** *(G. punctata)*, aber Stängel bis oben beblättert; Trockenrasen, kalkreiche Fels- und Schotterfluren in tieferen Lagen. Geschützt D.

3 Schopfige Teufelskralle
Physoplexis comosa Familie Glockenblumengewächse Campanulaceae

✿ 6–8 ↕ 5–15 cm ⛰ 1000–2000 m

Grundständige Blätter nierenförmig, ungleich tief gesägt, lang gestielt; Stängelblätter verkehrt-eiförmig bis lanzettlich, scharf gezähnt; Blüten 15–30 mm lang, zu 8–20 in kugeliger Dolde; Krone am Grund bauchig erweitert, blasslila, in einem langen, blauvioletten Schnabel endend; Kronblätter am Grund und an der Spitze verwachsen.
Vorkommen: Kalk- und Dolomitfelsspalten; ziemlich selten. Südliche Kalkalpen, vom Comer See bis in die Julischen Alpen. Geschützt A.

4 Dolomiten-Teufelskralle
Phyteuma sieberi Familie Glockenblumengewächse Campanulaceae

✿ 7–9 ↕ 5–25 cm ⛰ 1600–2600 m

Grundständige Blätter rundlich-eiförmig bis breit-lanzettlich, gezähnt, gestielt; Stängelblätter lanzettlich, sitzend, tief gezähnt; Blütenstand kugelig, 5–15-blütig, mit großen breit-eiförmigen, zugespitzten, gesägten und bewimperten Hüllblättern; Blüten 10–15 mm lang, blau.
Vorkommen: Kalk- und Dolomitfelsen, steinige Matten; zerstreut. Südliche Kalkalpen vom Comer See bis in die Südostalpen.

1

2

3

4

1 Armblütige Teufelskralle

Phyteuma globulariifolium Familie Glockenblumengewächse Campanulaceae

7–9 ↕ 1–5 cm 2000–3500 m

Rasenförmig wachsende, kahle Pflanze mit schwach beblätterten Stängeln; Grundblätter schmal-eiförmig, ganzrandig oder vorne 3–5-zähnig, in Rosetten, 1–3 cm lang; Blüten zu 2–9 in kugeligen Blütenständen; äußere Hüllblätter rundlich bis eiförmig, gewimpert, etwa so lang wie der Blütenkopf; Krone blauviolett, 10 mm lang.

Vorkommen: Silikatfelsfluren, bodensaure Magerrasen, Zwergstrauchheiden; zerstreut. Ostalpen, nach Westen bis ins Ortlergebiet, Pyrenäen.

2 Kugelige Teufelskralle

Phyteuma orbiculare Familie Glockenblumengewächse Campanulaceae

5–7 ↕ 10–30 cm 800–2600 m

Grundblätter lanzettlich oder herz-eiförmig, lang gestielt, kerbig gezähnt; Stängelblätter ei-lanzettlich, obere sitzend; alle Blätter unterseits mit schwach hervortretendem Adernetz; Blütenköpfe kugelig, blauviolett; Kronröhre 10–15 mm lang; Hüllblätter eiförmig, spitz. (Formenreiche Art)

Vorkommen: Sonnige Kalkmagerrasen, Flachmoorwiesen, Föhrenwälder; häufig. Alpen, Pyrenäen, Apennin, Balkan, Karpaten, Gebirge Mittel- und Südeuropas.

3 Halbkugelige Teufelskralle

Phyteuma hemisphaericum L. Glockenblumengewächse Campanulaceae

7–8 ↕ 5–15 cm 1600–3600 m

Grundb. grasartig, 1–2 mm br.; St.b. linealisch; Blütenstand kugelig, 10–12blütig; Hüllb. eiförmig, zugespitzt, ganzrandig, oft bewimpert; Krone dunkelblau, vor dem Aufblühen gekrümmt.

Vorkommen: Silikatfelsfluren, bodensaure Magerrasen, Zwergstrauchheiden; verbreitet bis zerstreut. Von den Seealpen bis in die steirischen und Salzburger Alpen, in Deutschland nur Allgäu und Wetterstein, Pyrenäen.

4 Glänzende Skabiose

Scabiosa lucida Familie Kardengewächse Dipsacaceae

7–9 ↕ 10–40 cm 1000–2600 m

Grundblätter eiförmig bis rhombisch, grob gekerbt, gestielt; obere Blätter fiederspaltig mit lanzettlich-linealen Zipfeln; Blüten zu einem 2–3 cm breiten Köpfchen vereinigt, umgeben von Hüllblättern; Einzelblüten mit häutigem Außenkelch und 3–4-mal längerem, 5-borstigem Kelch; Krone rötlichlila bis blauviolett, ungleich 5-zipfelig; Randblüten größer.

Vorkommen: Matten, Felsschutt, Felsbänder, bevorzugt auf Kalk; häufig. Alpen, Pyrenäen, Jura, Vogesen, Sudeten, Karpaten, Illyrien.

1

3

2

4

1 Alpen-Aster

Aster alpinus Familie Korbblütengewächse Compositae oder Asteraceae

7–9 ↕ 5–20 cm ⛰ 1400–3100 m

Pflanze behaart, meist 1-köpfig; Rosettenblätter spatelförmig, in den kurzen Stiel verschmälert, 3-nervig; Stängelblätter lanzettlich, stumpf, sitzend; Blütenköpfe 3–5 cm breit; Hüllschuppen lanzettlich, 8–12 mm lang, mehrreihig; Zungenblüten violett, 1-reihig; Scheibenblüten gelb; Haarkrone borstig.

Vorkommen: Bergwiesen, Felsbänder, kalkreiche Steinrasen; ziemlich häufig. Alpen, Jura, deutsche und böhmische Mittelgebirge, Pyrenäen, Zentralmassiv, Karpaten, Balkanhalbinsel, Kaukasus, Altai. Geschützt D, A.

2 Einköpfiges Berufskraut

Erigeron uniflorus L. Familie Korbblütengewächse Compositae oder Asteraceae

6–9 ↕ 5–15 cm ⛰ 1600–3000 m

St. 1köpfig, drüsenlos, oben lg.haarig; B. verkehrt-eilänglich, am Rand gewimpert, sonst kahl; Blütenkopf 1–2,5 cm br.; Zungenblüten blasslila oder rosa; Scheiben-blüten gelb, an der Spitze purpurn; Hüll.b. dachziegelig, br.-lanzettlich, weißwollig, oft rot überlaufen.

Vorkommen: Kalkarme, windexponierte Steinrasen, Magerweiden; zerstreut bis selten. Alpen, Pyrenäen, Apennin, Südkarpaten, Nordeuropa.

3 Wollige Kratzdistel

Cirsium eriophorum (L.) Scop. Familie Korbblütengewächse Compositae oder Asteraceae

7–9 ↕ 60–150 cm ⛰ in den Alpen bis 1800 m

B. tief fiederspaltig, mit stark dornigen Abschnitten, oberseits mit kleinen Dornen, steifhaarig, unterseits weißfilzig, (3a) B. nicht am St. herablaufend; Blüten purpurn; Blütenköpfe 4–7 cm br., Hülle kugelig, spinn-webig-wollig (3); Hüllb. stachelspitz.

Vorkommen: Magerweiden, Halbtrockenrasen, Wegränder, in den Alpen bis 1800 m; zerstreut. Mittel- und Südeuropa, im Süden hauptsächlich in den Gebirgen.

4 Berg-Distel

Carduus defloratus L. Familie Korbblütengewächse Compositae oder Asteraceae

6–9 ↕ 30–80 cm ⛰ von den Tallagen bis fast 3000 m

St. und Kopfstiele b.los und nicht geflügelt; B. kahl, lanzettlich, gezähnt bis fiederspaltig, grün, die unteren in einen br. Stiel verschmälert, die oberen sitzend, am St. herablaufend; Bl.köpfe lg. gestielt, einzeln, purpurn, 2–3 cm br., zuletzt nickend; Hüllb. dachziegelig. (Formenreiche Art).

Vorkommen: Felsschutt, Felsspalten, steinige Rasen, lichte Wälder, überwiegend auf Kalk; verbreitet. Hauptsächlich Gebirge Mitteleuropas.

3
1
3a
4
2

1 Gewöhnliche Alpenscharte

Saussurea alpina Familie Korbblütengewächse Compositae oder Asteraceae

❀ 7–9 ↕ 10–40 cm ⛰ 1600–3000 m

Stängel aufrecht, locker filzig behaart, oft rötlich überlaufen; Blätter schmal eiförmig oder lanzettlich, unterseits zerstreut graufilzig, spinnwebig; Blattstiele geflügelt; Blütenköpfe zu mehreren, kurz gestielt; Blüten violettrot; Hüllblätter dicht behaart, schwarzviolett überlaufen.

Vorkommen: Kalkarme Steinrasen, windexponierte Grate, bodensaure Zwergstrauchheiden; ziemlich selten. Alpen, Pyrenäen, Karpaten, Arktis.

Wissenswertes: Ähnlich ist die **Zweifarbige Alpenscharte** *(S. discolor)*, aber Blätter oberseits grün, unterseits dicht weißfilzig, Blätter länglich 3-eckig, am Grund herzförmig, Blattstiel nicht geflügelt, Blüten stark nach Vanille duftend; zerstreut bis selten; Felsspalten und Gesteinsfluren der Kalkalpen (auch auf Granit).

2 Gemeiner Alpenlattich

Homogyne alpina Familie Korbblütengewächse Compositae oder Asteraceae

❀ 5–8 ↕ 10–30 cm ⛰ Täler bis 3000 m

Stängel fast blattlos, 1-köpfig; Grundblätter lang gestielt, unterseits kahl, nur auf den Nerven behaart, herz-nierenförmig, gezähnt-gekerbt, glänzend dunkelgrün; Blütenköpfe bis 25 mm breit; Blüten hellviolett; Hüllblätter braunrot überlaufen, am Grund wollig behaart.

Vorkommen: Nadelwälder, Zwergstrauchheiden, Silikatmagerrasen; häufig. Alpen, Gebirge Mittel- und Südeuropas.

3 Alpen-Milchlattich

Cicerbita alpina Familie Korbblütengewächse Compositae oder Asteraceae

❀ 7–9 ↕ 60–150 cm ⛰ 1000–2200 m

Stängel 1-fach, aufrecht, oben violett überlaufen; Blätter unregelmäßig fiederteilig, mit 3-eckig-spießförmigem Endabschnitt, oberseits dunkelgrün, unterseits blaugrün; Blütenköpfe 2–3 cm breit, in schmaler, rispiger Traube; Krone blauviolett; Hülle und Stiele der Blüteköpfe mit abstehenden, braunen Drüsenhaaren.

Vorkommen: Hochstaudenfluren, Bergmischwälder, Grünerlengebüsch; verbreitet. Alpen, Pyrenäen, Jura, französische und deutsche Mittelgebirge, Karpaten, Apennin, Balkanhalbinsel, Nordeuropa.

4 Berg-Flockenblume

Centaurea montana Familie Korbblütengewächse Compositae oder Asteraceae

❀ 5–7 ↕ 20–70 cm ⛰ Ebene bis 2100 m

Stängel meist unverzweigt, wie die Blätter weißfilzig behaart; Blätter eiförmig, spitz, untere buchtig gezähnt, obere ganzrandig, am Stängel flügelartig herablaufend; Blütenköpfe einzeln, 4–5 cm breit; randliche Blüten stark vergrößert, tiefblau, zentrale Blüten violett; Hüllblätter mit kammförmigen, braunschwarzen Fransen.

Vorkommen: Berg- und Schluchtwälder, grasreiche Hochstaudenfluren, Bergwiesen; häufig. Alpen, Gebirge Mittel- und Südeuropas.

1

2

3

4

1 Alpen-Säuerling
Oxyria digyna Familie Knöterichgewächse Polygonaceae

6–8 ↕ 5–25 cm 1600–2800 m

Grundständige Blätter bis 20 cm lang gestielt, nierenförmig, säuerlich schmeckend; Blüten in quirligen, traubigen Blütenständen; Blütenblätter 4, grün, die 2 äußeren kleiner und abstehend, die 2 inneren viel größer und der Frucht anliegend; Frucht linsenförmig, grün, später mit purpurroten Flügeln.

Vorkommen: Kalkarmer Steinschutt mit langer Schneebedeckung, Pionierpflanze; zerstreut. Alpen, Pyrenäen, Karpaten, Balkanhalbinsel, Kaukasus.

Wissenswertes: Ähnlich ist der **Schild-Ampfer** *(Rumex scutatus)*, aber Blätter rundlich-eiförmig, oft bläulich bereift, die grundständigen breit-eiförmig oder geigenförmig; Blüten hängend; Blütenhülle 5-spaltig; Frucht 3-kantig, glänzend braun. Bodenbildender Schuttwanderer auf kalkreichem und kalkarmem Gestein; verbreitet. Alpen, Gebirge Mittel- und Südeuropas.

2 Alpen-Frauenmantel, Silbermantel
Alchemilla alpina Familie Rosengewächse Rosaceae

6–8 ↕ 10–25 cm 1200–2600 m

Blätter handförmig in 5–9 schmale, oberseits grüne, am Rand und unterseits silbrig-seidenhaarige, vorne gezähnte Abschnitte zerteilt; Blüten gelbgrün, etwa 3 mm breit, in dichten, knäueligen Blütenständen; Blütenstiele kürzer als die Blüten. (Sammelart mit zahlreichen schwer zu unterscheidenden Kleinarten)

Vorkommen: Kalkarme, bodensaure Magerrasen und Matten; verbreitet. Alpen, Gebirge Mittel- und Südeuropas, Arktis.

Wissenswertes: Sehr ähnlich ist der **Kalk-Silbermantel** *(A. conjuncta)*, aber Blattabschnitte zu $^1/_5$ – $^1/_2$ verwachsen; Blütenstiele länger als die Blüten; Blütenstand locker; in zahlreichen Kleinarten verbreitet; steinige, kalkreiche Matten der Alpen, Pyrenäen, Vogesen, Jura, Apennin. In der Volksmedizin als Wundmittel verwendet.

3 Alpen-Gelbling
Sibbaldia procumbens Familie Rosengewächse Rosaceae

6–8 ↕ 3–10 cm 2000–3300 m

Rasenbildende Halbrosettenstaude; Blätter 3-zählig, oben graugrün, unten hellgrün, am Rand dicht behaart; Blättchen vorne 3-zähnig; Blüten klein, unscheinbar, gelbgrün, in armblütigen Trugdolden; Kronblätter lanzettlich, 1–2 mm lang; Kelchblätter eiförmig, 3–4 mm lang.

Vorkommen: Schneeböden, feuchte, saure Böden; verbreitet. Alpen, Sierra Nevada, Pyrenäen, Apennin, Jura, Vogesen, Kaukasus, Arktis.

4 Hahnenfuß-Hasenohr
Bupleurum ranunculoides Familie Doldengewächse Umbelliferae oder Apiaceae

7–8 ↕ 10–50 cm 1400–2800 m

Rosettenblätter lanzettlich, lang zugespitzt; Stängelblätter breiter, oft herzförmig, stängelumfassend; Dolde 3–5-strahlig, mit 2–4 Hüllblättern; Döldchen mit 5–7 breit eiförmigen, gelbgrünen Hüllchenblättern; Blüten dunkelgelb.

Vorkommen: Kalkreiche, steinige Matten, Felsbänder, sonnige Hänge; zerstreut bis selten. Alpen (in Bayern nur noch im Allgäu), Pyrenäen, Jura, Apennin, Karpaten, Illyrien, Alaska.

1

2

3

4

1 Alpen-Wegerich

Plantago alpina Familie Wegerichgewächse Plantaginaceae

❁ 5–7 ↕ 5–20 cm ⛰ 1400–2800 m

Pflanze mit Blattrosette; Blätter linealisch, 2–6 mm breit und 5–12 cm lang, kahl, etwas fleischig, undeutlich 3-nervig; Blütenschaft rund, angedrückt behaart, mit walzenförmiger, 2–3 cm langer und 3 mm breiter Ähre; Krone mit flaumig behaarter Röhre und weißlichen Zipfeln.

Vorkommen: Kalkarme Almweiden und Matten, Schneeböden; verbreitet. Alpen, Pyrenäen, Auvergne, Jura, Gebirge Mittel- und Südeuropas.

Wissenswertes: Ähnlich ist der **Berg-Wegerich** *(P. atrata)*, aber Blätter lanzettlich, kräftig 3–5-nervig; Blütenähre kugelig, schwärzlich; Kronröhre kahl; meist kalkreiche Böden; verbreitet. Alpen, Gebirge Mittel- und Südeuropas.

2 Echte Edelraute

Artemisia mutellina Familie Korbblütengewächse Compositae oder Asteraceae

❁ 7–9 ↕ 10–30 cm ⛰ 1600–3700 m

Pflanze aromatisch duftend; Blätter gestielt, silberglänzend, die unteren doppelt 3-teilig, die oberen fingerig geteilt; Abschnitte kaum 1 mm breit; Blütenköpfe zu 5–20, traubig-ästig angeordnet, 4–6 mm breit, 10–30-blütig; Blüten gelb, die äußeren weißlich.

Vorkommen: Kalkarme Felsspalten, Felsschutt; ziemlich selten. Alpen, Pyrenäen, Apennin. Geschützt D, A, CH.

Wissenswertes: Die Pflanze enthält ätherisches Öl und Bitterstoffe. Früher als Volksheilmittel und Schmuckkraut begehrt, heute vielerorts selten geworden.

3 Schwarze Edelraute

Artemisia genipi Familie Korbblütengewächse Compositae oder Asteraceae

❁ 7–9 ↕ 5–15 cm ⛰ 2100–3800 m

Grundblätter 2–3-fach handförmig geteilt, mit lineal-lanzettlichen Zipfeln; grauseidenhaarig; Stängelblätter 1-fach gefiedert, sitzend; Blütenköpfe fast kugelig, in anfangs nickender, dann aufrechter, dichter Ähre; Blüten gelb; Hüllblätter filzig, mit trockenhäutigem, schwarzbraunem Rand.

Vorkommen: Felsbänder, Moränenschutt, bevorzugt auf Kalkschiefer und saurem Gestein; ziemlich selten. Alpen (in den nördlichen Kalkalpen fehlend). Geschützt A, CH.

4 Felsen-Edelraute

Artemisia petrosa Familie Korbblütengewächse Compositae oder Asteraceae

❁ 7–9 ↕ 10–30 cm ⛰ 2000–3100 m

Grundblätter 2–3-fach fiederteilig, mit 1–3 mm breiten Zipfeln; Stängelblätter 1-fach fiederteilig oder ungeteilt; Blütenköpfe 4–7 mm breit, 20–30-blütig, nickend, einseitswendig; Blütenkrone dichtzottig; Hüllblätter mit hellem Rand.

Vorkommen: Felsbänder, Felsschutt, auf Silikat und Kalkschiefer; selten. Südwestalpen (von Savoyen bis in die Bergamasker Alpen), Pyrenäen, Apennin, Karpaten, Balkanhalbinsel. Geschützt CH.

1

2

3

4

1 Horst-Segge

Carex sempervirens Familie Riedgrasgewächse oder Sauergräser Cyperaceae

❀ 6–8 ↕ 20–50 cm ⛰ 1400–3000 m

Pflanze horstbildend, am Grund mit dunkelrotbraunem Faserschopf; Blätter glänzend, 2–3 mm breit, etwas kürzer als der stielrunde Stängel; ♀ Ährchen 2–3, aufrecht, lockerfrüchtig, 10–20 mm lang; Narben 3; Tragblatt der 3-kantigen, grünen Schläuche dunkelbraun, am Rand weißhäutig; ♂ Ährchen 1, keulenförmig; endständig, lang gestielt.

Vorkommen: Sonnige, steinige Matten und Schutthalden (Polster und Treppen bildend, oft flächendeckend), Föhrenwälder; häufig. Alpen, Pyrenäen, Jura, Karpaten, Apennin, nördliche Balkanhalbinsel.

Wissenswertes: Sehr ähnlich ist die **Rost-Segge** *(C. ferruginea)*, aber Pflanze mit Ausläufern und grundständigen, rost- bis purpurroten, nicht faserigen Blattscheiden; Blätter 1–2 mm breit, schlaff; ♀ Ährchen 2–4, nickend oder hängend; auf tiefgründigen durchfeuchteten Böden, Bergwiesen, hauptsächlich auf Kalk- und Schiefergestein; häufig; Alpen, Jura, Illyrien.

2 Polster-Segge

Carex firma Familie Riedgrasgewächse oder Sauergräser Cyperaceae

❀ 6–8 ↕ 5–20 cm ⛰ 1500–3000 m

Halbkugelige Polsterpflanze; Blätter derb, steif, dicht gedrängt, 2–3 mm breit, 4–5 cm lang, fast waagrecht abstehend; Stängel stumpf 3-kantig, fast blattlos; ♀ Ährchen 6–10 mm lang, zu 1–3; Narben 3; ♂ Ähre 1, endständig.

Vorkommen: Kalkreiche Steinrasen, Felsbänder, Grate, Schutthänge, Pionierpflanze (oft flächendeckend); häufig. Alpen, Pyrenäen, Karpaten, Gebirge Mittel- und Südeuropas.

3 Krumm-Segge

Carex curvula Riedgrasgewächse oder Sauergräser Cyperaceae

❀ 7–8 ↕ 5–25 cm ⛰ 2000–3000 m

Pflanze am Grund mit den Resten vorjähriger Blätter; grundständige Blattscheiden gelbbraun; Blätter borstlich, hohlrinnig, 1–2 mm breit, bogig gekrümmt, rau, im oberen Teil bald absterbend, daher graubraun bis gelbgrün; ♀ und ♂ Ärchen gleichgestaltet, kopfig gedrängt, unten die ♀ Blüten, oben die ♂. Narben 3.

Vorkommen: Bodensaure, steinige Böden, Silikatmagerrasen (oft bestandsbildend und flächendeckend); häufig. Alpen, Pyrenäen, Zentralmassiv, Karpaten, nordöstliche Balkanhalbinsel.

4 Gams-Binse

Juncus jacquini Familie Binsengewächse Juncaceae

❀ 7–10 ↕ 10–25 cm ⛰ 1600–3000 m

Pflanze dichtrasig; Stängel und Blätter binsenförmig; Mark quer gefächert; Stängel rund, im oberen Drittel mit 1, den Blütenstand weit überragendem Blatt und mit einem 8–12-blütigem Kopf; Blütenhüllblätter 4–8 mm lang, lanzettlich, glänzend, rot bis schwarzbraun.

Vorkommen: Feuchte, bodensaure Magerrasen, Quellmoore; zerstreut. Alpen, Pyrenäen, Skandinavien.

1

2

3

4

1 Alpen-Rispengras

Poa alpina var. *vivpara* Familie Süßgräser Gramineae oder Poaceae

5–9 10–50 cm 1400–2600 m

Pflanze dichtrasig; Stängelgrund durch viele, dicht übereinander liegende Blattscheiden zwiebelartig verdickt; Blätter flach, 2–5 mm breit, grün bis blaugrün; Rispe locker; Ährchen 5–10-blütig, grüngelb und rotviolett gescheckt, zu beblätterten Brutknospen auswachsend.

Vorkommen: Tiefgründige, tonige Böden, Fettwiesen, Matten; häufig. Alpen, Gebirge Mittel- und Südeuropas, Nordeuropa, Arktis.

Wissenswertes: Die Blüten bilden statt Samen beblätterte Brutknospen aus, die abfallen und am Boden als Stecklinge Wurzel schlagen.

2 Kalk-Blaugras

Sesleria albicans Familie Süßgräser Gramineae oder Poaceae

4–7 10–40 cm Ebene bis 2900 m

Pflanze lockere Horste bildend, am Grund von verwitterten Blattscheiden umgeben; Blätter grün, 2–3 mm breit, mit hervortretendem Mittelnerv und stumpfer Spitze; Ährenripse eiförmig bis zylindrisch, stahlblau überlaufen; Ährchen 2-blütig; Deckspelze bläulich, mit grannenartiger Spitze.

Vorkommen: Lichte Kiefern- und Buchenwälder, Trocken- und Halbtrockenrasen, sonnige Matten, Fels- und Schotterfluren, auf Kalk; häufig. Alpen und Vorland, fast ganz Europa, im Süden in den Gebirgen.

3 Zweizeiliges Kopfgras

Oreochloa disticha Familie Süßgräser Gramineae oder Poaceae

7–8 10–20 cm 1800–3300 m

Pflanze dichte Horste bildend; Stängel steif, dünn; Blätter borstlich gefaltet, mit verlängertem, spitzem Blatthäutchen; Ährenripse bis 1,5 cm lang, mit 2-zeilig angeordneten, 3–5-blütigen, grünen, weißlich oder blau gescheckten Ährchen; Deckspelzen mit kurzstacheliger Spitze.

Vorkommen: Windexponierte Grate und steinige Matten, kalkarme, saure Böden; häufig. Hauptsächlich Zentralalpen, (in den Nordalpen östlich des Allgäu fehlend), Karpaten.

4 Scheuchzers Wollgras

Eriophorum scheuchzeri Familie Riedgrasgewächse oder Sauergräser Cyperaceae

6–9 10–30 cm 1500–2900 m

Pflanze rasenbildend, Ausläufer treibend; Blätter binsenförmig, mit braunen Scheiden; Stängel rund, glatt, mit 1 endständigen, kugeligen Ähre; Blütenhülle aus zahlreichen Borsten, die nach der Blüte zu langen, schneeweißen Wollhaaren auswachsen und der Pflanze das typische Aussehen geben.

Vorkommen: Quellfluren, Alpenmoore, Tümpel; zerstreut. Alpen, Pyrenäen, Apennin, Tatra, Karpaten, Skandinavien, Arktis. Geschützt A.

Wissenswertes: Ähnlich ist das **Scheidige Wollgras** *(E. vaginatum)*, aber Blätter um Rand rau, mit aufgeblasener Scheide; Stängel oberwärts 3-kantig, 30–60 cm hoch; Ähre endständig, oval bis länglich; Hochmoore, saure Torfböden; zerstreut; Mittel- und Nordeuropa, Alpen, Pyrenäen.

1

2

3

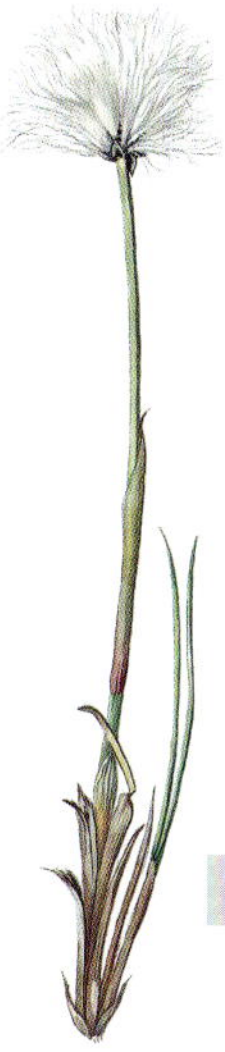

4

1 Zirbel-Kiefer, Arve

Pinus cembra Familie Kieferngewächse Pinaceae

❀ 6–7 ↕ bis 25 m ⛰ 1200–2700 m

Krone kegelförmig oder walzig; Rinde braun, junge Zweige rotgelb behaart; Nadeln zu 5 an Kurztrieben gebüschelt, steif, dunkelgrün, 6–10 cm lang, 3-kantig, 1,5 mm breit; Zapfen eiförmig, 5–8 cm lang, schief aufrecht oder abstehend, erst im 2. Jahr nach der Blüte reif; Fruchtschuppen bläulich, mit brauner Spitze; Beginn der Blüte erst mit etwa 60 Jahren.

Vorkommen: Nadelwälder der Hochlagen und an der Waldgrenze. In den Zentralalpen häufig, in den Nordalpen selten, Karpaten. Geschützt D, A.

Wissenswertes: Die Arve ist äußerst langsamwüchsig und kann ein Alter bis zu 1000 Jahren erreichen. Sie liefert ein wertvolles Möbelholz.

2 Berg-Kiefer, Spirke, Latsche, Legföhre

Pinus mugo Familie Kieferngewächse Pinaceae

❀ 6–7 ↕ bis 20 m ⛰ 1200–2600 m

Baumartig aufrecht (bis 20 m), mit deutlichem Stamm und pyramidenförmiger Krone (Spirke) oder strauchartig, niederliegend (Latsche, Legföhre); Rinde grau bis schwarzbraun; Nadeln zu 2 an Kurztrieben, dunkelgrün, stumpflich, 3–6 cm lang; Zapfen 2–5 cm lang, fast sitzend; ♂ Blüten goldgelb, ♀ Blüten dunkelrot.

Vorkommen: Felsbänder, Geröllhalden, trockene Steilhänge; häufig. Die Latsche hat mehr östliche Verbreitung: Alpen (östlich Genfer See), deutsche Mittelgebirge, Apennin, Illyrien, Balkanhalbinsel; die Spirke ist mehr westlich verbreitet: Alpen (östlich bis zum Inn, auch noch bei Berchtesgaden), Pyrenäen, nordwestspanische Gebirge. Geschützt D, A.

3 Europäische Lärche

Larix decidua Familie Kieferngewächse Pinaceae

❀ 4–5 ↕ bis 40 m ⛰ Ebene bis 2600 m

Rinde braun bis graubraun, abblätternd; Nadeln 1–3 cm lang, zu 15–30 an Kurztrieben gebüschelt, weich, hellgrün, im Herbst goldgelb und abfallend; Zapfen eiförmig bis kugelig; 3–4 cm lang, anfangs rot, zur Reife braun; Beginn der Blüte mit 30–60 Jahren.

Vorkommen: Nadelwälder, in den Zentralalpen bis zur Waldgrenze; häufig. Alpen, Sudeten, Karpaten; im Flachland angepflanzt.

4 Berg-Ahorn

Acer pseudoplatanus Familie Ahorngewächse Aceraceae

❀ 5–6 ↕ bis 30 m ⛰ Ebene bis 1600 m

Rinde graubraun, in flachen Schuppen abblätternd; Blätter über 10 cm breit, 5-lappig, mit spitzen Buchten und ungleich grob gezähnten Abschnitten, unterseits graugrün; Blüten gelbgrün, in hängenden, 5–15 cm langen Trauben; Kelch- und Kronblätter je 5, frei; jede Teilfrucht mit einem 4–6 cm langen Flügel; diese bilden zusammen einen spitzen Winkel und dienen als Flugorgan zur Verbreitung der Samen.

Vorkommen: Schluchtwälder, krautreiche Bergwälder; verbreitet. Alpen (in den kontinentalen Zentralalpen selten), Gebirge Mitteleuropas, Pyrenäen, Apennin, Karpaten; vielfach angepflanzt.

1

2

3

4

1 **Alpen-Heckenrose**
Rosa pendulina Familie Rosengewächse Rosaceae

6–7 ↕ 50–200 cm 500–2600 m

Zweige mit wenigen geraden Stacheln oder stachellos; Blätter mit 9–11 dunkelgrünen, doppelt gesägten Blättchen; Blüten meist einzeln; Blütenstiele mit Drüsenhaaren; Kelchblätter ganzrandig, nach der Blütezeit aufgerichtet, bleibend; Krone rosa bis dunkelrot; Frucht flaschenförmig, mit Drüsenhaaren und Stachelborsten, orange bis rot.

Vorkommen: Lichte Bergwälder, Hochstaudenfluren, Felsbänder, Latschengebüsch; zerstreut. Alpen, Gebirge Mittel- und Südeuropas.

2 **Zwerg-Mehlbeere**
Sorbus chamaemespilus (L.) Crantz Familie Rosengewächse Rosaceae

6–7 ↕ 1–2 m 1000–2400 m

Niedriger Strauch; B. elliptisch, lederig, fein gezähnt, oberseits dunkelgrün, unterseits mattgrün, 3–10 cm lg; Blüten in weißfilzigen Schirmrispen; Kronb. rosarot, schmal, 4–5 mm lg.; Frucht kugelig, rotbraun.

Vorkommen: Grünerlen-, Latschen- und Alpenrosengebüsch, lichte Nadelwälder, Schuttfluren; kalkliebend; verbreitet bis zerstreut. Alpen, Französischer und Schweizer Jura, Vogesen, Schwarzwald, Sudeten, Karpaten, Apennin.

3 **Felsenbirne**
Amelanchier ovalis Med. Familie Rosengewächse Rosaceae

4–5 ↕ 1–3 m Tallagen bis 2000 m

Strauch; B. elliptisch, 2–4 cm lg., oberseits dunkelgrün, kahl, unterseits graufilzig, später kahl und graugrün, fein gezähnt; Blüten in armblütigen Trauben, 5zählig; Kronb. schmal-lanzettlich, 15–20 mm lg., weiß oder gelblichweiß, außen zottig; Staubb. 20; Frucht blauschwarz.

Vorkommen: Grasdurchsetzte Felshänge, Kalkfelsspalten, sonnige Eichen- oder Kiefernwälder; zerstreut. Gebirge Mittel- und Südeuropas.

4 **Blaue Heckenkirsche**
Lonicera caerulea Familie Geißblattgewächse Caprifoliaceae

5–6 ↕ 60–100 cm 1200–2000 m

Blätter gegenständig, kurz gestielt, oval, hellgrün, unterseits blaugrün; Blüten kurz gestielt, paarweise in den Blattachseln; Krone 5-zipfelig, gelblichweiß; Fruchtknoten der beiden Blüten verwachsen; Frucht eine schwarze, blaubereift Beere.

Vorkommen: Bodensaure Nadelwälder; zerrstreut. Alpen, Gebirge Mitteleuropas.
Wissenswertes: Die ähnliche **Alpen-Heckenkirsche** *(L. alpigena)* hat trübrote Blüten, elliptische, spitze, dunkelgrüne Blätter und kirschrote Früchte; kalkreiche Laubwälder und Hochstaudenfluren bis 2300 m; Alpen, Pyrenäen, Karpaten, Balkan. Die Beeren der Heckenkirschen-Arten enthalten Spuren von Alkaloiden und vor allem Saponine und sind schwach giftig.

1

3

4

2

1 **Grün-Erle**
Alnus viridis Familie Birkengewächse Betulaceae

❀ 5–7 ↕ 1–3 m ⛰ 1400–2400 m

Strauch mit zahlreichen, niederliegenden bis aufsteigenden Ästen; Blätter eiförmig, spitz, beiderseits grün, scharf doppelt gesägt, jung klebrig; ♂ Kätzchen hängend, gelb, bis 6 cm lang, bei der Entfaltung der Blätter stäubend; ♀ Kätzchen unter den ♂ Kätzchen, eirund, 10–15 mm lang, grün, klebrig, später zu braunen Zapfen verholzend.

Vorkommen: Schattige, feuchte, meist tonige Hänge, Lawinengassen, auch als Unterholz in Nadelwäldern; häufig. Alpen und Vorland, Jura, Schwarzwald, Böhmerwald, Elbsandstein- und Lausitzer Gebiet, Karpaten, Balkanhalbinsel.

2 **Kraut-Weide**
Salix herbacea Familie Weidengewächse Salicaceae

❀ 6–8 ↕ 1–8 cm ⛰ 1600–3300 m

Kleiner Strauch, nur mit den Zweigspitzen aus dem Boden ragend, übriges Astwerk und Stämmchen im Boden; treibt jährlich kurze Sprosse mit 2 runden, fein gesägten, hellgrünen Blättern und lockeren, 4–12-blütigen, 4–10 mm langen Kätzchen; Blätter kreisrund, kurz gestielt, beiderseits hellgrün; Staubbeutel zuerst purpurrot, später goldgelb.

Vorkommen: Kalkarmer Felsschutt, feuchte Rasen, Schneetälchen; verbreitet. Alpen, Pyrenäen, Auvergne, Sudeten, Karpaten, Apennin, Balkanhalbinsel, Arktis. Geschützt A.

3 **Netz-Weide**
Salix reticulata Familie Weidengewächse Salicaceae

❀ 7–8 ↕ 10–30 cm ⛰ 1700–2600 m

Spalierstrauch, mit verzweigten, überall wurzelnden Stämmchen; Blätter lang gestielt, breit-elliptisch, 1–4 cm lang, oberseits dunkelgrün, matt, unterseits grau bis weißlich behaart, bläulichgrün, netzaderig; Kätzchen lang gestielt, dichtblütig, rosarot; Staubbeutel vor dem Aufblühen intensiv rot.

Vorkommen: Feuchtes Geröll, humoser Rasen, Zwergstrauchheiden, kalkreiche Schneeböden; verbreitet. Alpen, Pyrenäen, Jura, Karpaten, Balkanhalbinsel, Nordeuoropa, Arktis.

4 **Stumpfblättrige Weide, Teppich-Weide**
Salix retusa Familie Weidengewächse Salicaceae

❀ 6–8 ↕ 5–15 cm ⛰ 1700–2600 m

Kriechender Spalierstrauch mit kurz gestielten, kahlen, glänzenden, kleinen, verkehrt-eiförmigen oder spateligen, stumpfen oder ausgerandeten, 8–20 mm langen und 5–8 mm breiten Blättern; Kätzchen lockerblütig, etwa 2 cm lang und 1 cm breit, gelblich; Staubbeutel anfangs rot, später gelb.

Vorkommen: Magerrasen, Felsschutt, Schneeböden, verbreitet. Alpen, Pyrenäen, Jura, Apennin.

Wissenswertes: Ähnlich ist die **Quendelblättrige Weide** *(S. serpyllifolia)* mit kleineren, 4–10 mm langen, 2–4 mm breiten, spitzen Blättern; Kätzchen kugelig, 5 mm lang; bildet gedrungene, dichte Polster auf trockenen, offenen Kalkrohböden der Alpen.

3

1

2

4

1 Rostrote Alpenrose

Rhododendron ferrugineum Familie Heidekrautgewächse Ericaceae

❀ 6–7 ↕ 50–120 cm ⛰ 1200–2800 m

Blätter wintergrün, derb, elliptisch bis länglich, 3–4 cm lang, am Rand umgerollt, nicht bewimpert, oberseits dunkelgrün, unterseits mit gelbgrünen, später rostbraunen Drüsenschuppen besetzt; Blütenstand 6–12-blütig; Krone 5-zipfelig, purpurrot, bis 15 mm lang, innen kurzhaarig; Kelchzipfel breit eiförmig.

Vorkommen: Zwergstrauchheiden, lichte Nadelwälder nahe der Waldgrenze, kalkarme oder saure, feuchte und tiefgründige Böden; häufig. Alpen und Vorland, Pyrenäen, Jura, Nordapennin. Geschützt D, A.

Wissenswertes: Der Zwergstrauch kann über 100 Jahre alt werden. Häufig trifft man die Pflanze mit lebhaft gefärbten Galläpfeln (»Alpenrosenapfel«), die von einem Pilz *(Exobasidium rhododendri)* stammen.

2 Bewimperte Alpenrose

Rhododendron hirsutum Familie Heidekrautgewächse Ericaceae

❀ 6–8 ↕ 30–100 cm ⛰ 1200–2600 m

Blätter wintergrün, elliptisch, langhaarig bewimpert, beiderseits grün; Blütenstand 3–12-blütig; Krone tricherterförmig-glockig, hellrot, innen behaart; Kelch 2–4 mm lang, abstehend behaart; Kelchzipfel lanzettlich, zugespitzt.

Vorkommen: Steinige Matten, Felsschutt, Felsbänder, lichte Wälder nahe der Waldgrenze, Latschengebüsch, kalkreiche Böden; häufig. Alpen und Vorland, Tatra, Balkan. Geschützt D, A.

3 Zwerg-Alpenrose

Rhodothamnus chamaecistus Familie Heidekrautgewächse Ericaceae

❀ 5–7 ↕ 20–40 cm ⛰ 1000–2400 m

Zierlicher Zwergstrauch mit immergrünen, lederigen, schmal-elliptischen, spitzen, gesägten, fein bewimperten Blättern; Blüten meist zu 2, lang gestielt, rosarot, radförmig ausgebreitet, fast bis zum Grund 5-lappig, 2–3 cm breit; Staubbeutel 10, schwarzbraun.

Vorkommen: Kalk- und Dolomitschutt, Felsspalten, Steinrasen, Latschengebüsch, Zwergstrauchheiden; zerstreut. Alpen (östlich). Geschützt D, A.

4 Schnee-Heide

Erica herbacea Familie Heidekrautgewächse Ericaceae

❀ 2–6 ↕ 15–30 cm ⛰ Täler bis 2700 m

Niedriger Strauch, mit sparrigen, liegenden und aufsteigenden Ästen; Blätter wintergrün, nadelförmig, spitz, zu 4 quirlständig; Blüten in einseitswendiger Traube; Krone hell- bis dunkelrot, selten weiß, länglich-krugförmig; Staubbeutel dunkel, aus der Kronröhre herausragend.

Vorkommen: Sonnige Geröll- und Felshalden, lichte Kiefernwälder, Latschengebüsch, überwiegend auf Kalk; verbreitet. Alpen und Vorland, Apennin, Tatra, Illyrien, Gebirge Mittel- und Südeuropas.

3

4

2

1

1 **Rosmarin-Seidelbast, Heideröschen**
Daphne cneorum Familie Seidelbastgewächse Thymelaeaceae
❀ 5–8 ↕ 5–30 cm ⛰ Ebene bis 2000 m
Blätter lineal-spatelförmig, 10–15 mm lang, dunkelgrün, lederig, gleichmäßig am Zweig verteilt; Blütenstand doldenartig am Ende der Zweige; Blüten 10–12 mm breit, dunkelrosa, 4-zählig, außen behaart, stark duftend; Kelchröhre und Zweige anliegend behaart.
Vorkommen: Halbtrockenrasen, lichte Föhrenwälder, Felsbänder, überwiegend auf Kalk; zerstreut bis selten. Alpen, Gebirge Mittel- und Südeuropas. Geschützt D, A, CH.
Wissenswertes: Die Pflanze enthält hautreizende und stark giftig Diterpene.

2 **Gestreifter Seidelbast, Steinröschen, Alpenflieder**
Daphne striata Familie Seidelbastgewächse Thymelaeaceae
❀ 5–8 ↕ 5–30 cm ⛰ 1500–2800 m
Blätter schmal keilförmig bis spatelig, lederig, derb, bläulichgrün, an den Zweigenden rosettig gehäuft; Blüten rosarot, fein gestreift, duftend, zu 5–12 am Ende der Zweige; Kelchröhre und Zweige kahl.
Vorkommen: Felsschutt, subalpine Rasen- und Zwergstrauchbestände, Latschengebüsch, meist auf Kalk; ziemlich häufig. Alpen. Geschützt D, A.
Wissenswertes: Die Pflanze enthält hautreizende und stark giftig Diterpene.

3 **Gewöhnlicher Seidelbast**
Daphne mezereum L. Familie Seidelbastgewächse Thymelaeaceae
❀ 3–4 ↕ 30–150 cm ⛰ Tallagen bis über 2000 m
Blüht bevor die B. erscheinen; Zweige rutenförmig, an der Spitze beblättert; B. lanzettlich, 5–12 cm lg., hellgrün; Blüten duftend, rosa, 10–14 mm br., 4zipfelig; Frucht rot, kugelig, 6–10 mm br. Giftig!
Vorkommen: Laub- und Mischwälder, Hochstaudenfluren, Felsschutt; verbreitet. Fast ganz Europa.

4 **Zwerg-Kreuzdorn**
Rhamnus pumila Familie Kreuzdorngewächse Rhamnaceae
❀ 6–8 ↕ 5–20 cm ⛰ 1200–3000 m
Knorriger, stark verzweigter, dem Felsen anliegender Spalierstrauch; Blätter wechselständig, eiförmig, 3–4 cm lang, fein gezähnt, mit 4–9 Seitennerven; Blüten 4-zählig, klein, gelbgrün; Kronblätter schmal, unscheinbar oder fehlend; Griffel 3–4-spaltig; Frucht eine blauschwarze, kugelige Beere.
Vorkommen: Felsspalten, meist auf Kalk; zerstreut. Alpen, Gebirge Mittel- und Südeuropas.
Wissenswertes: Die Kreuzdorn-Arten enthalten Anthraglykoside und andere toxische Inhaltsstoffe. Die Früchte sind giftig.

4

2

3

1

1 Alpen-Kreuzdorn

Rhamnus alpina L. Familie Kreuzdorngewächse Rhamnaceae

5–6 ↕ 1–3 m 600–2000 m

Aufrechter, dornenloser Strauch; B. eiförmig, 7–12 cm lg., 3–6 cm br.; beiderseits des Mittelnervs mit 7–20 bogigen Seitennerven; Blüten zu mehreren in den B achseln; Kronb. 4, gelbgrün; Frucht kugelig, 7–10 mm br., anfangs grün, später schwärzlich. Ssp. *alpina* hat behaarte Zweige und Knospenschuppen; ssp. *fallax* (Boiss.), Krainer Kreuzdorn, hat kahle Zweige und kahle oder bewimperte Knospenschuppen und bis zu 15 cm lg. B.

Vorkommen: Lichte Wälder, Felsschutt; zerstreut bis selten. Ssp. *alpina*, Westalpen, Pyrenäen; ssp. *fallax*, südliche Steiermark, Kärnten, Julische Alpen, Karawanken, Balkanhalbinsel.

2 Heidelbeere

Vaccinium myrtillus Familie Heidekrautgewächse Ericaceae

4–6 ↕ 15–50 cm Ebene bis 2500 m

Zweige scharfkantig geflügelt, grün; Blätter eiförmig, spitz, fein gesägt, grün, 2–3 cm lang; Blüten einzeln, blattachselständig; Krone kugelig, 4–5 mm breit, grünlich und rötlich überlaufen; Frucht kugelig, 5–8 mm, blauschwarz.

Vorkommen: Bodensaure Laub- und Nadelwälder, Zwergstrauchheiden; häufig. Alpen und Vorland, Nord- und Mitteleuropa, nordspanische Gebirge, Korsika, Apennin, Balkanhalbinsel.

Wissenswertes: Die wohlschmeckenden Früchte wirken antiseptisch und antidiarrhöisch.

3 Preiselbeere

Vaccinium vitis idaea Familie Heidekrautgewächse Ericaceae

5–8 ↕ 10–20 cm Ebene bis 3000 m

Zweige stielrund; Blätter wintergrün, lederig, verkehrt-eiförmig, am Rand umgerollt, glänzend, unterseits hellgrün, 1–3 cm lang; Blüten in zierlichen Trauben; Krone glockig-krugförmig, meist 4-zählig, weißlich oder rosa, 5–8 mm lang; Frucht kugelig, 5–8 mm breit, rot.

Vorkommen: Nadelwälder, Moore, Zwergstrauchheiden, Latschengebüsch; häufig. Alpen, Nord- und Mitteleuropa, südlich bis Pyrenäen, Apennin, Gebirge der Balkanhalbinsel.

4 Rauschbeere

Vaccinium uliginosum Familie Heidekrautgewächse Ericaceae

5–7 ↕ 20–80 cm Ebene bis 3000 m

Zweige stielrund, braun; Blätter verkehrt-eiförmig, stumpf, ganzrandig, blaugrün, unterseits stark netzaderig; Blüten in armblütigen Trauben, kurz gestielt; Krone krugförmig, weiß oder rosa, 4- oder 5-zählig; Frucht kugelig, schwarzblau, blau bereift, 10–14 mm breit, mit farblosem Saft.

Vorkommen: Moorwälder, Latschenmoore, Zwergstrauchheiden; verbreitet. Alpen, Nord- und Mitteleuropa, im Süden in den Gebirgen.

Wissenswertes: Die säuerlich schmeckenden Beeren werden gelegentlich als giftig bezeichnet; giftige Inhaltsstoffe sind nicht bekannt. Gelegentliche Vergiftungserscheinungen beruhen möglicherweise auf einem parasitischen Pilz *(Sclerotinia megalospora)*, der die Giftstoffe bildet.

2

3

1

4

1 Schwarze oder Zwittrige Krähenbeere

Empetrum nigrum ssp. *hermaphroditum* Familie Krähenbeerengewächse Empetraceae

5–6 | 15–50 cm | 900–3000 m

Wintergrüner, teppichbildender Zwergstrauch; Blätter nadelförmig, unterseits mit breiter, weißer Rinne; Blüten einzeln, meist zwittrig, unscheinbar, an Kurztrieben, 3-zählig; Kronblätter breit-eiförmig, 2–3 mm lang, hell- oder dunkelrot, selten, weiß; Staubblätter dunkelrot; Frucht eine schwarzglänzende, kugelige, 6–8 mm breite Beere, essbar, aber bitter.

Vorkommen: Bodensaure Zwergstrauchheiden, Schneeböden, Moore; verbreitet. Alpen, Jura, Vogesen, Pyrenäen, Balkanhalbinsel, Kaukasus, Arktis.

Wissenswertes: Die **Gewöhnliche** oder **Zweihäusige Krähenbeere** *(E. nigrum* ssp. *nigrum)* hat 1-geschlechtige Blüten, Blätter unterseits mit schmaler, weißer Rinne; Torfmoore, Dünen, Heiden, Nadelwälder. Nordeuropa, Norddeutschland, deutsche Mittelgebirge, in den Alpen fehlend.

2 Alpen-Bärentraube

Arctostaphylos alpina Familie Heidekrautgewächse Ericaceae

5–6 | 20–50 cm | 1500–2600 m

Weit kriechender Spalierstrauch; Blätter verkehrt-eiförmig, scharf gezähnt, beiderseits netzadrig, sommergrün, im Herbst leuchtend rot; Blüten in 2–4-blütiger Traube; Krone krugförmig, mit 5 zurückgeschlagenen Zähnen, weiß oder rosa; Kelch 5-zipfelig; Frucht eine kugelige, rote, dann blauschwarze Steinfrucht.

Vorkommen: Zwergstrauchheiden, Kalkfelsschutt; verbreitet. Alpen, Pyrenäen, Jura, Apennin, Karpaten, Illyrien, Arktis.

3 Echte Bärentraube

Arctostaphylos uva-ursi Familie Heidekrautgewächse Ericaceae

3–6 | 20–60 cm | Ebene bis 2700 m

Niederliegender Spalierstrauch; Blätter wintergrün, verkehrt-eiförmig, ganzrandig, 1–3 cm lang, oberseits glänzend, unterseits matt, ohne vortretendes Nervennetz; Blüten in 3–10-blütiger, endständiger Traube; Krone krugförmig, gelblichweiß oder blassrosa; Frucht rot, 6–8 mm breit.

Vorkommen: Lichte Wälder mit Föhren, Lärchen oder Zirben, Magerrasen, Zwergstrauchheiden; zerstreut. Fast ganz Europa. Geschützt D.

4 Alpenazalee, Gamsheide

Loiseleuria procumbens Familie Heidekrautgewächse Ericaceae

6–8 | 3–15 cm | 1600–3000 m

Teppichbildender Spalierstrauch, Äste 15–40 cm lang; Blätter lederig, immergrün, schmal-elliptisch, ganzrandig, 4–7 mm lang, am Rand umgerollt; Krone glockenförmig, rosa; Kelchblätter 5, rot; Staubbeutel 5, purpurn.

Vorkommen: Windexponierte, schneefreie Grate, Moränen, kalkmeidend; verbreitet. Alpen, Pyrenäen, Karpaten, Nordeuropa, Arktis. Geschützt A.

Wissenswertes: Der Rohhumus bildende Spalierstrauch ist extrem frostresistent und erträgt bis zu –30° C. Extrem langsam ist auch das Wachstum der Art. Die verholzten Stämmchen haben einen Jahreszuwachs (Jahresringbreite) von etwa 0,07 mm.

1

2

3

4

Bibliographische Information der Deutschen Bibliothek

Die Deutsche Nationalbibliothek verzeichnet diese Publikation in der Deutschen Nationalbibliografie; detaillierte bibliografische Daten sind im Internet über http://dnb.d-nb.de abrufbar.

2. überarbeitete und erweiterte Auflage (Neuausgabe des Titels »Der BLV-Taschenführer Alpenblumen«)

BLV Buchverlag GmbH & Co. KG

80636 München

Bildnachweis
Farbzeichnungen: Claus und Stefan Caspari

Fotos: Thomas Schauer

Umschlagkonzeption und Gestaltung: BLV Buchverlag, München
Umschlagabbildungen: Claus Caspari

Lektorat: Dr. Friedrich Kögel, Dr. Eva Dempewolf, Elena Gabler
Herstellung: Hermann Maxant

Layout: Kathrin Michel, München

Gedruckt auf chlorfrei gebleichtem Papier

Printed in Germany

ISBN 978-3-8354-1726-7

www.facebook.com/blvVerlag

Dr. Thomas Schauer ist Vegetationskundler und Ingenieurbiologe. Über 35 Jahre war er am Landesamt für Wasserwirtschaft in München tätig. Er hat zahlreiche Arbeiten in verschiedenen Fachzeitschriften zu ökologischen, naturschutzfachlichen sowie vegetationskundlichen Themen veröffentlicht und ist ein profunder Kenner der heimischen Pflanzenwelt.

Claus Caspari, Sohn des renommierten Kunstmalers und Karikaturisten Walther Caspari, arbeitete zunächst als Kunsthändler und Dolmetscher. Ab dem Jahr 1949 konzentrierte er sich mehr und mehr auf die naturalistische Pflanzen- und Tiermalerei, in der er sich autodidaktisch zur Perfektion weiterentwickelte. Seine Pflanzen- und Tierdarstellungen sind einzigartig: filigran, detailgenau, mit plastischer Wirkung. Er starb 1980 in München im Alter von 69 Jahren.

Stefan Caspari, Stefan Caspari ist der Sohn von Claus Caspari und wuchs in dessen künstlerischem Umfeld und Vorbild auf. Nach seinem Jurastudium wandte er sich der Fotografie zu, in der er die Meisterprüfung ablegte. Seit über 30 Jahren arbeitet er als freier Fotograf. Darüber hinaus widmet er sich erfolgreich der Malerei und Illustration und führt die künstlerische Familientradition fort. www.stefancaspari.de

Aufbau der Blüte

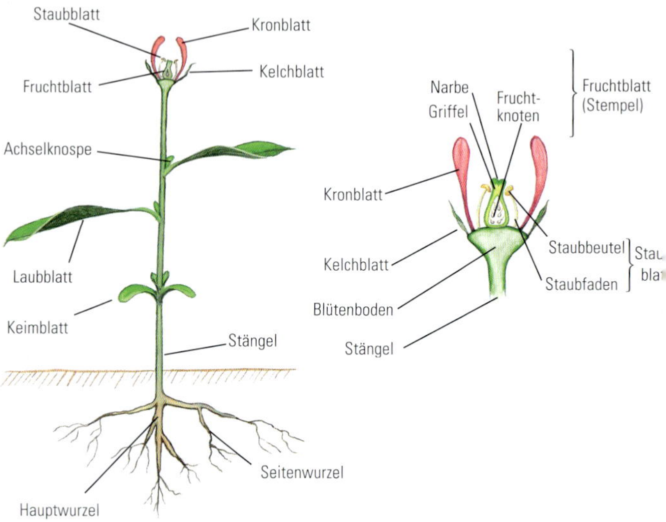

Stellung der Blätter